ひとと動物の絆の心理学

The psychology of the bond between people and pets

中島由佳 Yuka Nakajima

ナカニシヤ出版

はじめに

　どうして私たちは，犬や猫などの動物と暮らすのだろうか。
　犬や猫と私たちとの関係は，この60年近くで大きく変化した。
　社会的にも大きな変化があった60年間だった。第二次世界大戦が終わり，家庭には平和が戻った。暮らしは少しずつ豊かになり，ベビーブームが起き，家庭生活，家族のだんらんが大切なものとなった。欧米諸国では一戸建ての住宅と広い庭，そして日本でも「狭いながらも楽しい我が家」。その彩りとして，また家を守る存在として，愛犬，愛猫は，家庭生活の幸せに欠かせない存在となっていった。
　しかし，欧米においても日本においても，家庭で飼われる動物の地位は，使役動物としての延長でしかなかった。犬は家を守る番犬として屋外で鎖につながれて飼われた。猫はねずみから家屋や農作物を守り，日々近所をパトロールし，恋の季節になると何日も家に帰ってこない日が続いた。厳しい気候の中での暮らし，猫の場合は恋を巡るケンカなどで，犬も猫も寿命は今ほど長くなかった。
　そして1980年代後半，日本にもいわゆる「ペットブーム」が訪れる。この時期はバブル景気と重なる。収入が増えて，豊かな生活を謳歌するひとの間でブランド物の服やバッグが流行するとともに，「近所で生まれた子犬」ではなく，シベリアンハスキーなどの純血種の犬や猫を「手に入れる」ことに価値を見出すことが定着した時代だ。
　しかし，そのようなブームとともに，捨てられて殺処分となる「ペット」の増加，飼い方のマナーの問題などもクローズアップされるようになり，やがて，私たちの動物への接し方も変わり始める。
　バブルがはじけた90年代初頭から，それまでの熱に浮かされたようなペットブームは落ち着きを見せ始め，愛情を注ぎ，人生の伴侶，大切な家族として家庭動物を見る動きが顕著となった。

これは，日本だけの潮流ではない。むしろ，欧米で起こった動物観の変化が，日本にも影響を与えたと考えるべきだろう。

　欧米では，自然，そして最も人間に近い自然である動物は，人間によってコントロールされるべきもの，支配されるべきものとして長い間，人間への服従を強いられてきた。戦争に明け暮れる時代が終わり，家庭での生活がひとの生き方に重要となった1950年代以降も，家庭で飼われる動物は，「ペット」としてひとの支配下に置かれる存在であり続けてきた。しかし，1970年代の終わり頃から，家庭で飼育する動物をひとの「伴侶」としてとらえる動きが欧米で現れ始め，家庭動物を「ペット」でなく「コンパニオンアニマル（伴侶動物）」として接することが提唱され始めた。ひととのつながりを考える研究や学会が立ち上げられ，ひとと動物との絆 (Human Animal Bond: HAB) に関する研究や，動物と暮らすことがひとの心身の健康にどのように影響するかが研究され始めた。

　日本が豊かになるにつれて，そして家族の形態が変わるにつれて，庭や家の周辺で暮らしていた動物たちは，家庭内に招き入れられ，「家族の一員」となった。

　番犬は「うちのワンコ」となり，家の外に自由に出ていたネコは，「箱入りニャンコ」となった。家族の一員として，屋内で大切に飼われる存在となった。

　私の家とて例外ではない。我が家でも，私が生まれた頃から今に至るまで，たくさんの動物が飼われてきた。幼い時にはチャボ（鶏）が飼われていて卵を産み，犬や猫は絶えることなく代々飼われてきた。一時は犬が3匹，猫が1匹，池には亀に金魚，田舎から連れてきたフナと，人間よりも多い数の動物が飼われていた。しかし，今でも私の心に一番に残っているのは，柴犬のコロノスケだ。近所でもらったり拾ったりしたのでなく，お金を出して買った初めての純血種だった。高価な犬であるからか，かわいかったからか，その経緯は分からない。でも，うちで初めての室内飼いとなった子だった。人間にしたら，おそらくかなりのイケメンだったろう。とても賢く

て，うれしいにつけ悲しいにつけ私たち家族の心にピッタリと寄り添ってくれるやさしい子だった。彼の父親はイノシシを獲ったこともあり，勇敢な血統の犬だが，いったん家の外に出たら方向音痴で家に帰ってこられずに迷子になる，動物としてはちょっと抜けたところのある子だった。

コロノスケのことを思いつつ，考える。

どうして私たちは，家庭で動物と暮らすのだろう。動物が家の中で暮らし，身近な存在となったいま，私たちは動物からなにを与えてもらっているのだろうか。

コロノスケと暮らした日々から少し成長して心理学研究者となった私は，心理学的考察を交えつつ，ひとと動物との暮らしにさまざまな角度から光を当て，この問いへの答えを考えていこうと思う。

本書は，「絆」という言葉をキーワードに，四つの Chapter からなる。

Chapter 1 では，私たちが動物と築く関係性――愛着について考える。

Chapter 2 では，動物との暮らしがもたらす，心身の健康への効果について考える。

Chapter 3 では，動物との暮らしで得られる恩恵に対する「影」の部分について考える。

そして Chapter 4 では，子どもたちが動物と関係を築いていくために，私たちおとなが伝えていくべきことについて考える。

本書では，犬や猫を始めとする，家庭で飼われている動物の呼び方を「家庭動物」，あるいは単に「動物」とする。家庭で暮らす動物には，ペット，コンパニオンアニマル（伴侶動物）などさまざまな呼ばれ方があるが，いずれの呼び方も，私たちの動物に対する価値観を反映している。本書ではそのような価値観にとらわれずに動物との関係を考えていきたいからだ。また本書では，家庭で飼われている割合の多さ，さまざまな研究での調査数の多さから，犬および猫を中心に，家庭動物について記していく。

目　次

はじめに　*i*

Chapter 1　「絆」を結ぶ：ともに暮らす理由　……………………………………*1*

1　家庭動物との暮らし　*1*
2　ともに暮らす理由　*5*
3　養 護 性　*13*
4　話しかけること，受容されること　*17*

Chapter 2　「絆」の力：動物は「効く」のか　……………………………………*29*

1　身体に効く：疾病に与える効果　*29*
2　心に効く：ストレス軽減に与える影響　*36*
3　病気の治療と動物　*39*
4　病院や施設での生活の質を上げるために　*42*
5　動物は「万能薬」か　*45*
6　なぜ「効く」のか　*47*
7　愛着の効果　*48*

Chapter 3　「絆」のゆらぎ：ペットロス，先立つ不幸，問題行動　……………………………………*59*

1　動物との別れ：ペットロス　*59*
2　動物を飼えない：先立つ不幸　*68*
3　結べない「絆」：社会化の重要性　*74*

Chapter 4 「絆」をつなぐ：子どもたちに伝えるべきもの

.... 89

1 動物との暮らしで育つもの　*89*
2 動物を飼えばやさしい子に？　*93*
3 子ども，動物，家族　*97*
4 学校動物の世話で，育つもの　*102*

Chapter 5 おわりに：与えられた「絆」を大切に

.... *117*

1 動物によって，愛着の効果は違うのか　*117*
2 動物との関係をよりよくするために　*119*
3 ペット？　コンパニオンアニマル？　相棒？　*119*
4 どうすれば動物との愛着を築けるのか　*121*

あとがき　*123*

ひとと動物の関係を考えるための参考図書　*126*
事項索引　*127*
人名索引　*129*

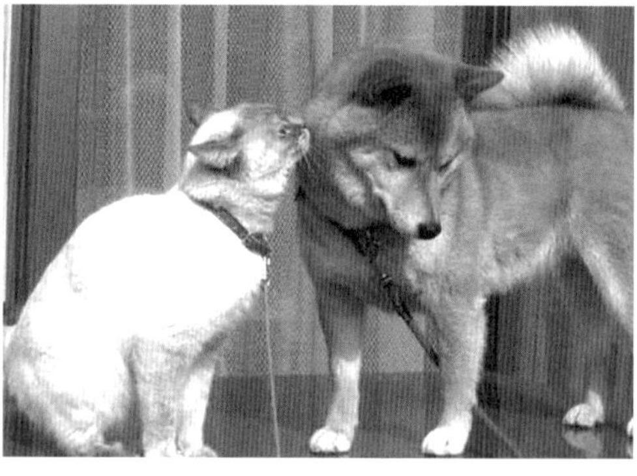

Chapter 1

「絆」を結ぶ
ともに暮らす理由

① 家庭動物との暮らし

1-1 飼育の状況

　犬，猫，うさぎ，ハムスター，モルモット，フェレット……。家庭動物をテレビや身の回りで見ない日はない。巷には，犬や猫を始めとしたカレンダーやグッズがあふれ，テレビのコマーシャルでは，金融商品からカメラ，車や食品の広告に至るまで，競って犬や猫を始めとする家庭動物が顔を見せる。子どもに大人気のアニメでは猫がモデルの妖怪たちが活躍し，日本の各地でみられるゆるキャラも，猫や亀，犬などの家庭動物を基としたデザインが多い。

　犬や猫などの家庭動物は，みんなの人気者らしい。そして実際に，動物と暮らしているひと，暮らしたいと思っているひとは多い。

　犬や猫，鳥や金魚なども含めて，これまでに家庭動物を飼った経験のあるひとは，2009年現在，80%近くにのぼる（DIMSDRIVE, 2009）。

　内閣府の「動物愛護に関する世論調査（内閣府, 2010）によると，2010年現在，家庭で動物を飼っているひとは34.3%，飼っていないひと65.7%と推定される。この「家庭動物の飼育者は全世帯の3分の1程度」というのは，わが国ではこの20年くらい，ほぼ変わっていない。そして家庭動物の中でも犬と猫が人気だ。犬と猫で家庭動物全体の90%近くを占めており，犬の飼育は60%近く，猫は30%前後となっている。

　家庭動物を飼育するのが好きと答えたひとは調査対象者の72.5%，嫌いと答えたひとは25.1%だった（内閣府, 2010）。そして，1970年代の終わりごろから現在にかけて，「飼育をするのが好き」なひとの割

合は増え続け,「飼育をするのが嫌い」なひとの割合は減り続けている。民間での調査でも,現在,家庭動物を飼っていないひとで今後「飼いたい」と答えたひとは40.4％と,「飼いたくない」の35.2％を上回っている (DIMSDRIVE, 2009)。

1-2　家庭での飼育

　こんなにも人気があり,私たちの日常に溶け込んでいる動物たちだが,私たちは日々,動物とどのように暮らしているのだろうか。

　日本ペットフード協会の調査 (2014) によると,犬,猫とも室内飼いが主流で,2014年現在,犬は約8割が主に室内で暮らしている (図1-1)。この犬の室内飼いの割合は,飼われている純血種の割合とほぼ重なる (図1-2)。さらに図1-2を見ると,飼われている純血種の多くが小型犬だ。雑種の飼育は50歳代以上が多く,若い世代のほうがより純血種を好むが,おそらくは世代を超えて,室内で飼っているひとが多いだろう。

　猫も,8割以上が室内飼いだ (図1-3)。猫の場合は特に,他の猫とのいさかいによるけがや病気,逃亡を防ぐため,外に出させない完全室内飼いが犬よりも多い。また,猫の場合は純血種よりも雑種の飼育が多く,年齢層による好みの猫種の差異もさほど大きくない (図1-4)。これは,猫の場合は,純血種であっても雑種であっても,その大きさや基本的な性質が犬ほどバラエティに富んでいないためだろう。

　このように,一昔前の「犬は番犬として屋外の犬小屋で暮らし,猫はねずみ獲りと近所のパトロールが日課」という生活スタイルは,気がつけば,ほとんどみられなくなっている。サザエさんの家の飼い猫のタマ,近所の小説家の伊佐坂先生の飼い犬ハチのような暮らしは,家庭動物の中で今や少数派だ。犬,猫の8割が,家の中で家族とヌクヌクとに暮らしていることが,一連の資料からはうかがえる。我が家でも,コロノスケが最初に家の中で飼われ出して以降,今に至るまで代々の犬は室内飼いだ。雑種もいれば,シェルタ

ーからもらってきた子もいる。でも，一度家の中に上り込んで「家庭の一員」となった犬や猫を再び屋外で飼うのは，「かわいそう」で，とてもできそうにない。

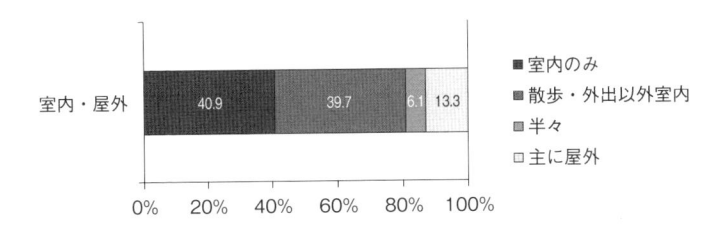

室内・屋外: 40.9 / 39.7 / 6.1 / 13.3

■室内のみ　■散歩・外出以外室内　■半々　□主に屋外

図 1-1　犬を飼っている場所（日本ペットフード協会（2014）より作成）

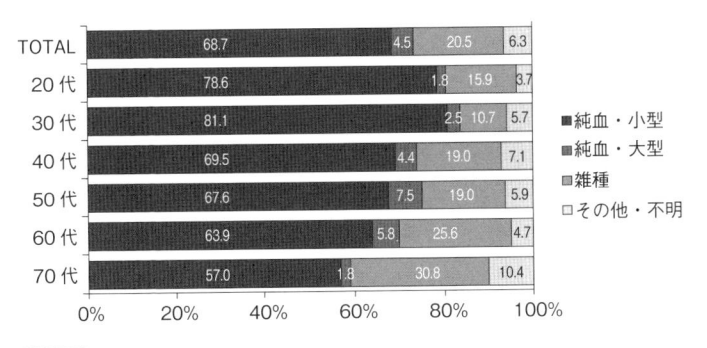

	純血・小型	純血・大型	雑種	その他・不明
TOTAL	68.7	4.5	20.5	6.3
20代	78.6	1.8	15.9	3.7
30代	81.1	2.5	10.7	5.7
40代	69.5	4.4	19.0	7.1
50代	67.6	7.5	19.0	5.9
60代	63.9	5.8	25.6	4.7
70代	57.0	1.8	30.8	10.4

図 1-2　飼っている犬種（日本ペットフード協会（2014）より作成）

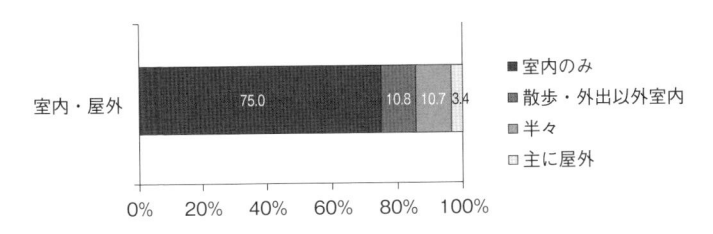

室内・屋外: 75.0 / 10.8 / 10.7 / 3.4

■室内のみ　■散歩・外出以外室内　■半々　□主に屋外

図 1-3　猫を飼っている場所（日本ペットフード協会（2014）より作成）

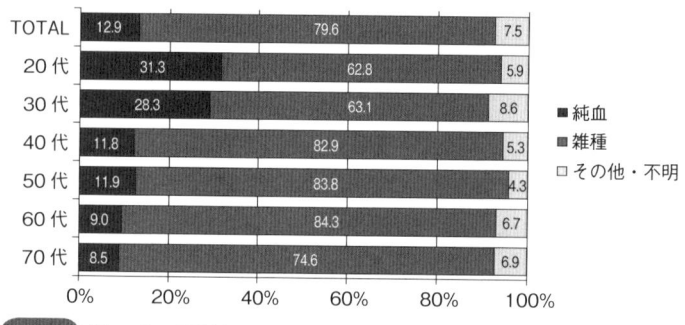

	純血	雑種	その他・不明
TOTAL	12.9	79.6	7.5
20代	31.3	62.8	5.9
30代	28.3	63.1	8.6
40代	11.8	82.9	5.3
50代	11.9	83.8	4.3
60代	9.0	84.3	6.7
70代	8.5	74.6	6.9

図 1-4 飼っている猫種（日本ペットフード協会（2014）より作成）

1-3 寝起きをともに

ただ単に家の中に居場所を与えられているだけではない。文字通り「家族の一員」として，大切に飼われていることも，さまざまな調査からみえてくる。

一昔前には，家庭で飼われる犬や猫は，ひとの食事の残りを与えられることが多かった（池田，2000）。しかし，今日ではほとんどの犬や猫が，彼ら専用の食べ物を買い与えられている。あまたあるペットフードメーカーのさまざまな商品の中から，彼らの年齢や体調，好みに合ったフードやおやつが注意深く選ばれる。あるいは，それらのペットフードにひと手間加えて調理をする飼い主もいる。食べ物だけでなく，さまざまなおもちゃも買い与えられる（日本ペットフード協会，2014）。

柿沼（2008）の調査によると，約3割から4割の飼い主が，家庭動物と自分の布団の中で寝て，寝起きをともにしている。この傾向は，特に小型の洋犬に顕著で，逆に，雑種の犬は屋外で寝ることが多いようだ。布団からは出入りが自由であることを考えると，飼い主の意向とともに，犬もまた，自ら望んで飼い主と一緒の布団で寝ている様子が垣間見える。

また，年に2回以上動物病院を受診する飼い主は，犬の場合60%以上，猫の場合も40%近くに上る（日本ペットフード協会，2014）。

つまり，自分の好みに合った大きさ・姿の動物と寝起きをともにし，残飯ではなく健康や好みに配慮した食事を与え，予防接種をし，具合が悪くなればおそらくは仕事を休んででも病院に連れて行くなど，大事に動物を飼い，ともに暮らしている飼い主像がうかがえる。

② ともに暮らす理由

このように，私たちと暮らす犬や猫からは，「番犬」などの使役動物としての要素や，「ねずみやすずめを獲る野性味あふれる猫」としての要素はほぼ消えて，家庭の中で私たちと生活をともにする伴侶となった。でも，どうして私たちは，これほどまでに家庭動物を大事にするのだろう。

■ 2-1 家庭動物を飼う理由

その一つが，動物が与えてくれる喜びだろう。

もちろん，動物を飼うひともいれば飼わないひともいる。別に，動物を飼わなくとも楽しいことは世の中にたくさんある。「生活に喜びを与えるもの」についての調査を見ると（表 1-1），動物を飼っているひと，飼っていないひとも含めた場合，家庭動物（ペット）は第 8 位だ（日本ペットフード協会，2014）。しかし，ひとたび飼い始めると，動物との暮らしは，生活になくてはならないものとなるらしい。家庭

表 1-1 生活に喜びを与えるもの（日本ペットフード協会（2014）より作成）

	1 位	2 位	3 位	4 位	5 位	8 位
全　体	家　族	趣　味	心身の健康	食	お　金	ペット
動物の飼育者	家　族	趣　味	ペット	心身の健康	食	
犬の飼育者	家　族	ペット	趣　味	心身の健康	食	
猫の飼育者	ペット	家　族	趣　味	心身の健康	食	

注）家族，趣味，友人，自然などを含む 11 項目から複数選択

動物を飼っているひとの中では,ペットは3位,犬の飼育者の間で犬は2位,猫の飼育者の間では猫が1位だ。家庭で動物を飼うひとの中で,「家族」,「趣味」,「家庭動物」は生活に喜びを与える3大要素の一つとなっている。

内閣府調査でも,家庭動物を飼うひとは,動物との暮らしによって生活に潤い・安らぎが生まれる,家庭が和やかになる,子どもたちが心豊かに育つなどのよい点を認識している。動物は,暮らしに喜びを与える上に,メリットもあるのだ。

家庭動物は,家の中で寝起きをともにし,愛情を注がれ,生活に潤いと喜びを与えてくれる。文字通り「家族の一員」として暮らしているのだ。

2-2 家族の一員としての家庭動物

この「家庭動物は家族の一員」とのとらえ方は多くの国でみられ,また動物が家にいることの重要性は増しているようだ (Cain, 1985 ; Soares, 1985)。また日本でも,家庭動物を「家族」と答える割合が,たとえば犬では約6割だ (濱野, 2003)。

しかし,「家族の一員」なのならば,家族がいれば十分ではないか。表1-1に見るように,家族だって喜びや安らぎを与えてくれる。それでも人々が動物を飼いたがってやまないのはなぜだろう。どうも動物は,いったん飼いだすと,「家族」とも「趣味」とも異なる「なにか」を飼い主に与えてくれるらしい。

動物は「特別な」家族の一員なのだろうか。動物は,私たちになにを与えてくれるのだろうか。

その一つの答えが,私たちが動物と結ぶ「愛着」という名の絆だと,本書では考える。

私たちは社会的な生き物だ。誰かと絆でつながっていたい。誰かと一緒にいたいし,愛されたい。落ち込んだ時は慰めてほしいし,時には秘密を打ち明けて,背負った重荷を下ろしたい。でも友達は,夫は妻は子どもは,そんな風にはなかなか甘えさせてくれない。第

一，いつでもそばにいてくれるわけではない。

ひと同士が結ぶ愛着と，ひとが動物と結ぶ愛着とは，似ているようで異なっている部分があるのではないか。そこに，人間ではなく動物でありながら，私たちに「家族の一員」と言わせるなにかがあるのではないか。

そもそも，愛着とはなんなのだろう。

動物との愛着を考えるにあたり，まずは，ひととひとの間の，「愛着」と呼ばれる結びつきについて見ていきたい。

■ 2-3 愛着とは：「おかあさんといっしょ」

「おかあさんといっしょ」というテレビ番組がある。もう50年以上放送されている幼児を対象とした番組だ。確かに赤ちゃんや幼い子どもは，いつも「お母さんと一緒」にいる。姿が見えないと不安になって泣いてしまう。でもなぜ，乳幼児は「おかあさんといっしょ」にいるのだろう。

親と子の間に形成されるような，緊密な情緒的結びつきのことを愛着 (attachment) と呼ぶ (ボウルビィ, 1993)。

かつては，「子どもが親と一緒にいるのは，飢えや渇きなどを満たすためである」との考えが一般的であった (ボウルビィ, 1991)。しかし，イギリスの児童精神科医ボウルビィ (J. Bowlby) は，これを覆すような理論を展開した。鳥のひなの，生まれた瞬間に見たものを親と認識し追いすがる「刻印づけ (刷り込み)」と同じように，「ひとの乳児にも，特定のひととの近接関係を確立・維持しようとする欲求やパターンが生得的に備わっているのではないか」と考えたのである。

このボウルビィの理論を裏付けたのが，ハーロウら (Harlow, 1958) による実験だった。ハーロウは，生後間もなくのアカゲザルの赤ん坊を親ザルから引き離し，針金製の哺乳びんがついた代理母と，布製で哺乳びんのない代理母の二つを子ザルに与えた。もし，「愛着は食欲の二次的な産物」であるならば，子ザルは，ミルクがいつでも飲める針金製の代理母を選ぶはずだ。しかし子ザルは，大部分

の時間を布製の代理母にしがみついて暮らし，お腹が空いた時だけ，針金の母の方に行ってミルクを飲んだ。遊んでいても，恐怖を感じることがあると，子ザルは布製の母親にしがみついた。

このハーロウのアカゲザルの実験[1]からは，子どもは飢えを満たすために母といるのではないことがよく分かる。布製の母は温かく柔らかいだけで，ミルクは出ない。それでも子ザルは，布製の母がいいのだ。母といることによる温もりや安心感を求めて，乳児や幼い子どもは「おかあさんといっしょ」にいるのだ。

2-4 生きる条件としての愛着

愛着は「食欲の二次的な産物」どころか，愛着がなければ子どもは育つこともできないことが，その後の調査でも分かってきた。第二次世界大戦後の乳児院では，栄養面や衛生面に問題がなかったにもかかわらず，乳児たちの発育はよくなく，泣きや笑いなどの感情がみられず，死亡するケースも報告されていた。これについてボウルビィは，「愛着が形成されていないからだ」と指摘した。「養育者が度々入れ替わるのではなく，ひとりの養育者が子どもに愛情を注ぎ，世話をして，その子どもとの間で愛着を築く必要性がある」との心理学者の助言もあり，乳児院は改善された（ボウルビィ, 1967）。

実は，これに近い経験を私もしたことがある。息子は1歳の時に，親が付き添うことができない完全看護の大学病院に，1か月ほど喘息で入院した。すると，息子は笑わなくなってしまった。夫と私が面会に訪れても，息子は無表情のままなのだ。私たちは懸命に息子をあやし，言葉をかけた。もちろん，退院後まもなく，息子は元通りに笑うようになったが，愛着と子どもの発達との関係を実感した体験だった。

---

1) アカゲザルを用いてのハーロウの一連の実験は，現在の心理学研究の倫理とは，とうてい相容れない。また，他のサルと交わらずに布製の代理母だけで育った子ザルは，その後他のサルと関係性を持つことができなかった。いくら柔らかく暖かくとも，やはり「育ててもらう」ことが大事なのだ。

子どもとの愛着関係を築くのに，母である必要はない。父でも祖父母でも，血はつながっていなくとも，誰かひとり，その子どものそばにいつもいて世話をする「主たる養育者」がいることが，精神的な絆（愛着）を形成する上で重要なのだ。

そして，このような「愛着の絆（attachment bond）」（ボウルビィ, 1993）は，乳幼児だけが感じるものではない。子どもを養育する側も，子どもに対して愛着を感じる。

また，愛着は親子の間だけに築かれるものでもない。子どももおとなも，誰かと愛着でつながっていたい。情緒的に満たされた関係を誰かと築きたい。そして，愛着を感じる対象に接近し，一緒に居続けようとする行動——愛着行動は，ひと同士だけでなく，犬とひと，猫とひとなど，他の種の動物とも共有できるものなのだ（ボウルビィ, 1993）。

2-5 親離れ

親にべったりだった乳児も，次第に自我が育ち，親から離れていく。子どもには，心理学的に「分離 - 個体化」と呼ばれる親離れの時期が，2度訪れる。1度目は幼児期だ（マーラー・バーグマン, 2001）。子どもは3歳前後になると，親に世話されずとも自分で色々なことができるようになる。おむつが取れてトイレに行くことができる。ひとりで着替えができ，自分でお箸やスプーンを使ってご飯を食べることができるようになる。親がそばにいなくても泣かない。

こうして，子どもは親から身体的に自立し，もはや「赤ちゃん」ではなくなる。「おかあさんといっしょ」から，「ひとりでできるもん」にまで成長するのだ。親への愛着が消えるわけではない。成長し，親よりも外の世界に興味が向いていくのだ。でも，いつもピッタリと自分に寄り添い，自分を頼りにしていた我が子が自分の手からどんどん離れていくのは，親にとってはうれしくもあるが，少し淋しい。

もう一つの親離れ——分離 - 個体化は，第二次性徴が始まる小学

校高学年から中学，高校の頃までだ (山本, 2010)。最初の分離-個体化が「おかあさんといっしょ」から「ひとりでできるもん」への身体的な独立であったのに対し，今度は精神的にも親から自立して離れていく。いわゆる第二反抗期だ。口をきかない。親のいうことにことごとく反抗する。子どもにとって大事なのは友だちだ。恋愛に胸をときめかせるのもこの時期だ。親の位置づけは，脇役にすぎない。思春期の子どもを描いたマンガを見ると，親は重要な役割を果たさない場合が多い。

この第二反抗期は極めて正常な発達で，子どもが親から独立しておとなとして成長していくための，とても大事なステップだ。でも，そうと分かっていても，わが子が自分に反抗し，口もきかなくなるのは，やはりつらい。

2-6 「永遠の子ども」としての動物

このように我が子は日々成長し，親から離れていき，愛着の絆を行動で確かめることができなくなっていく。幼稚園児くらいになると，もういつまでも抱っこさせてくれない。もちろん，高校生の息子，娘は親に抱きしめさせてくれないし，親が帰宅しても喜んで出迎えてくれることはない。夕食を用意しても，黙って食べて自分の部屋にこもる。そして夫だって妻だって，恋人や親友だって，いつも私たちが望むように愛や友情を注いでくれるとは限らない。だから人間関係は難しいのだ。

しかし，家庭動物は違う。成長して離れていくわが子，自分の意のままにならない夫・妻や恋人と異なり，家庭動物は何年経とうと何歳になろうと，いつも私たちの望むままに，愛着を示してくれる。帰りをずっと待ってくれて，熱烈にお出迎えしてくれる。傍らに寄り添い，鼻先や身体を擦り付けて甘えてくる。

動物は私たちを批判したり愛想を尽かしたりしない。安心して心をゆだねることのできる存在だ。子どもを持った経験の有無も，関係ない (メルソン, 2007)。家庭で飼われる動物は，「永遠の子ども」な

のだ。

そして，動物は時として，親のようにも私たちを見守ってくれる。人生の荒波を猫とともに乗り越えてきた私の友だちは，「猫は子どもでもあり親でもある」という。どんな時も傍らに寄り添ってくれる動物の変わらぬ愛情は，親に見守られているような温もりと安心感を時として私たちに与えてくれるのだろう。

2-7 動物との愛着

では，私たちが家庭動物に抱く愛着とは，どのようなものだろうか。ひとの心理は目には見えないけれど，けっこう複雑なものだ。たとえばショートケーキがイチゴとスポンジと生クリームからできているように，ひとの心，愛着だって，色々な要素が組み合わさって，「愛着」という一つの心の状態となっている。

「動物への愛着」の構成要素とはなんだろうか。ショートケーキにもお国柄があるように，愛着がなにから構成されているかも，国やとらえ方によって異なる。ここでは「和風」のテイスト，つまり，私たち日本人が動物に感じる愛着（濱野，2013）を紹介しよう。

濱野（2013）は，私たちの動物への愛着は，図1-5のような六つの要素からなると考える[2]。

一つ目は「一緒にいる心地よさ」。一緒にいるのが好き，楽しい，癒されるなどと感じる気持ちだ。私たちが動物といる要素の中の，一番感覚的な部分だろう。

二つ目は「自己開示」。私たちは動物に，自分のことについていろいろと話す。このような，つらいこと，うれしいことを動物に話すことが自己開示だ。

三つ目は「受容」。動物が自分のことを愛し，必要としてくれている，理解してくれている，と感じる気持ちだ。

---

[2] 濱野（2013）の「人とコンパニオンアニマルの愛着尺度」での因子名は，「快適な交流」，「情緒的サポート」，「社会的相互作用促進」，「受容」，「家族ボンド」，「養護性促進」であるが，より分かりやすいように改変した。

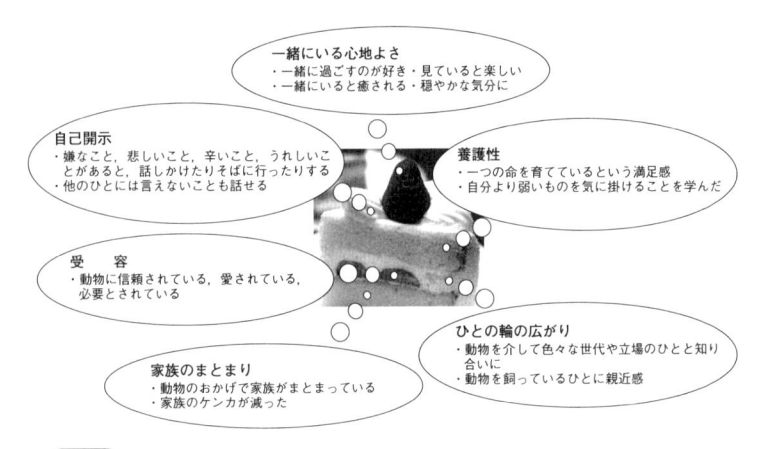

一緒にいる心地よさ
・一緒に過ごすのが好き・見ていると楽しい
・一緒にいると癒される・穏やかな気分に

自己開示
・嫌なこと、悲しいこと、辛いこと、うれしいことがあると、話しかけたりそばに行ったりする
・他のひとには言えないことも話せる

養護性
・一つの命を育てているという満足感
・自分より弱いものを気に掛けることを学んだ

受　容
・動物に信頼されている、愛されている、必要とされている

ひとの輪の広がり
・動物を介して色々な世代や立場のひとと知り合いに
・動物を飼っているひとに親近感

家族のまとまり
・動物のおかげで家族がまとまっている
・家族のケンカが減った

図 1-5 日本におけるひとと動物の愛着（濱野（2013）を基に作成）

　四つ目は，「ひとの輪の広がり」，　五つ目は「家族のまとまり」。
　そして六つ目は，次節でも述べる「養護性」。命を育て，世話をし，気にかける気持ちや行為だ。
　イチゴと生クリームとスポンジからショートケーキができているように，私たち日本人の動物への愛着も，この六つから成り立っている。私たちは，動物と一緒にいることが心地よく，ひとに言えないことも動物になら話すことができ，動物から愛され必要とされていることを感じ，そして動物を通して家族や他のひととのつながりを強めることができるから，動物に愛着を感じるのだ。
　もちろん，すべてのショートケーキのトッピングがイチゴだけではないように，愛着にはもっとほかの要素もあるかもしれない。しかし本書では，「なぜ動物と暮らすのか」，「動物を飼うことで得られる恩恵」とからめながら，これらの六つの要素を中心に，私たちが動物に感じる愛着について考えていきたい。
　「一緒にいる心地よさ」は愛着を感じる上での大前提だろう。
　その上で，本書はまず，動物に対する私たちが感じる「養護性」について，この後のChapter 1 ③で考えていく。

そして，養護し，信頼関係を築く中で私たちが動物に「自己開示」し，動物に「受容」される感覚について，Chapter 1 ④で考えていく。

動物が一緒にいることにより得られる「ひとの輪の広がり」についてはChapter 2 ⑦で，動物を中心とした「家族のまとまり」Chapter 4 ③で，それぞれ考える。

③ 養護性

■ 3-1 幼きもの，弱きもの

私たちが動物に愛着を感じる理由の一つが，養護性だ。

私たちには，自分よりも小さく幼いもの，悲しんでいるひと，けがや病気を負って弱っているひとに触れることによって，「相手を慈しみたい，育てたい」という気持ちが生じることがある。この，自分より弱いものを慈しみ，育て，世話をしたいと思う気持ち，行動を「養護性」という (小嶋, 1989)[3]。ひとに限らず動物や植物に対しても，「慈しみたい，育てたい」という気持ちを私たちは抱く。しおれかけた花には水をあげたくなるし，強風で倒れた道端の鉢植えを起こしてあげたくなる。そして，そのような幼いもの，弱っているものを慈しむ気持ちは，おとなだけが持つものではない。小さな子どもが動物をなでなでする，疲れてしまった親を気遣うのも，養護性の表れなのだ (小嶋, 1989)。

養護性は，世話をされる側だけでなく世話をする側にとっても重要だ。養護性を感じ，世話をすることが生きる上での活力の基となる (ベック・キャッチャー, 2002)。子どもや家庭動物に限らずとも，植物の手入れ，木や庭の手入れでも良いのだ。世話をする相手がいるだけで (ただし，世話が過重な負担になることはまた別なのだが)，ひとは，絶望

---

[3] 養護性は，心理学的には「相手の健全な発達を促進するために用いられる共感性と技能」と定義される (小嶋, 1989)。

や落ち込みなどからくる心身の病気から自分を守ることができる。

生活に喜びを与えるものとして家庭動物が高い順位にあるのも，この養護性ゆえかもしれない。もちろん，家や庭，植物の手入れや世話も，自分の必要性を認識できる。しかし動物は，「世話が報われる」ことをダイレクトに感じ取ることができる。食事やおやつを待ち焦がれる様子，与えると夢中で食べる様子。なでてやるとうっとりとし，散歩に誘うと全身で喜びを表す様子……。私たちは，「必要とされている」，「信頼されている」と実感することで，動物から「受容」されていると感じ，よりいっそう愛おしく思う。この養護性が報われること，愛着の要素の一つである動物からの「受容」を感じることも，私たちが動物を飼う大きな理由の一つなのだ。

■ 3-2　子どもとして，年下のきょうだいとしての家庭動物

子どもと家庭動物は，ひとりでは自立した生活ができず，世話をしないと生命の危険にさらされてしまう点で，とても似ているといえる。食事や飲み物の世話をする。病気にならないよう体調や衛生に気を使い，予防注射に連れて行く。危険なものを口に入れないよう注意を払う。雨や雪に濡れないよう，寒い思いをしないよう，暑い思いをしないよう，淋しい思いをしないように……。子どもを育てるのと同じくらい，私たちは動物の心身の健康を案じる。

実際，「この子はね」と第三者に紹介するなど，動物を自分の子どものように思うひとは多い（濱野, 2013）。

いかに私たちが動物を子どものように感じ，慈しみ育んでいるかは，たとえば，インターネット上の犬・猫ブログやFacebook，ツイッターなどのSNSでの飼い主の様子から見て取ることができる。

自分の愛する子（動物）の様子を見てもらいたくて，また仲間同士のつながりや情報共有を求めて，犬・猫ブロガー仲間や犬好き・猫好きのひとたちに向けてツィートする。その日に起こったできごとや何気ないしぐさ，お散歩の様子や病院に連れて行った時の写真をアップロードする。動物の目線でブログがつづられることもあるし，

飼い主の報告の中で，動物が「会話」することもある。

多くのブログやSNSで共通しているのは，登場する動物たちは，しばしば「ボク，わたし」などの一人称を使うことである。そして，飼い主はそのような動物の「ママ」，「パパ」として描かれていることである。

> 「ママは今日は朝から忙しいみたい。いったいなにをさわいでいるのかちら」
> 「あたちもママと一緒におまつり見てきたよ」
> 「おにいちゃん，邪魔せんといて。ぼくいま，お母ちゃんに甘えんのに忙しいねん」

「幼い子ども」としての目線で，動物は家族の日常をつづり，自分の気持ちを「ママ，パパ」に代弁してもらう。

飼い主が「ねえちゃん」，「にいちゃん」であるブログもあるが，いずれにしても，動物が愛情を受け，世話される「幼い子ども」として描かれていることに変わりはない。

動物を自分の子どものように感じるのは，実際に育児を経験したことのあるひとだけではない。子どもを持った経験がないひとも，動物を自分の子どもとして世話している。夫婦二人だけの世帯，お勤めをしているひと，大学生……。そのようなひとたちにも，家庭動物は「子ども」として，世話をし育んでいく喜びを与えてくれる。

そして，既に子どもが大きくなって巣立ってしまったひと・夫婦にとっても，家庭動物は永遠の子どもとして，私たちの養護性を満たしてくれる。

3-3 なぜ慈しみたいのか：「永遠の子ども」

ではどうして，私たちは動物に養護性を感じるのだろう。いつまでも精神的に成長せず，幼児のように慕ってくる動物は確かにかわいい。品種改良を重ねて今日に至った犬種や猫種は，かわいい姿へ

と進化し続けている。そして，この「かわいい」こそが，ひとの心に養護性をかき立てて，世話せずにはいられない気持ちにさせるのだ。

ひとや動物に限らず，赤ちゃんを見ると本能的にかわいいと感じるひとは多い。人間や動物の乳児は「身体に比べて頭が大きい」，「ポチャッとしたほっぺ」，「くりっとした大きな目」，「目鼻が顔のやや下の方についている」，「手足が短く，身体は丸みを帯びている」，「触るとやわらかそう」などの特徴を持つ。このような特徴を動物行動学者のコンラッド・ローレンツは「ベビースキーマ」と名付け，ひとはベビースキーマを持つ者に対し，守り育てようとする行動が自然に生じると説明した（ローレンツ，1989）。

私たち人間は，この「ベビースキーマ」に敏感に反応する。ひとの乳児は，他の動物の乳児と違い，弱い存在だ。生まれてすぐには歩けないし，視力もまだ十分に発達していない。親の愛着を引き出して養育してもらうことが，生き延びていくための重要な手段なのだ。このためにひとの乳児はベビースキーマを備えて「かわいく」生まれてくる。ひとの親も，この「かわいい」に反応する。遺伝子の策略といえるだろう。

さらに，このベビースキーマがなぜ愛着を抱かせ，養育を促すのかについて，脳科学の分野からも明らかにされてきている。ひとは，このベビースキーマを持つものを見ると脳の中脳皮質辺縁系が刺激を受け，「世話をしたい」と思い，またそうすることに満足感を覚えるのだ。つまり「かわいい」は，生理的に養護性を刺激するのだ（Melanie et al., 2009）。

このように，生理学的なレベルで「かわいい」に反応する私たちが，よりかわいくなるよう，目を大きく，鼻づらを短く，顔を丸く，身体の割に頭が大きく品種改良された犬や猫に愛着を抱き，養護性を掻き立てられるのは，当然のことといえるだろう。

そして，日本は「かわいい」大国である。各地方のマスコットとして活躍するさまざまな「ゆるキャラ」や，マンガやアニメに登場

する「萌えキャラ」たち……。その多くが，作成者が意識するにせよしないにせよ，ベビースキーマに則って作られている。

マンガやアニメなどのいわゆる「クールジャパン」を世界に発信し続ける日本は，「かわいい」の発信国でもあるのだ。そのように考えれば，「かわいい」の国，日本において，よりベビースキーマを満たした小型の犬が流行しているのもうなずける。このような動物たちはまた，性格も「かわいく」なるよう改良されてきているのだ。

人間の子どもは，成長するにつれてベビースキーマを失っていく。しかし，成長しきってもベビースキーマをそのまま残している家庭動物は，「永遠の子ども」として，すべてのひとの養護性をゆさぶるのである。

④ 話しかけること，受容されること

■ 4-1 乳児への語りかけ，家庭動物への語りかけ

ベビースキーマに見るように，私たちは小さく，いたいけなく，かわいいものに養護性を刺激され，愛着を覚える。

そして，多くの飼い主が動物を自分の子どものように思っている，そのもう一つの証拠が，動物への私たちの話しかけ方だ。飼い主の家庭動物に対する語りかけ方は，母親が乳幼児に語りかける際の様子ととても似ていることがいくつかの心理学の研究から明らかとなっているのである。

母親が生まれてきた乳児に語りかける時，マザリーズ（motherese：母親語）と呼ばれる独特の口調となる。「そうよ，いい子」，「どうしたの，悲しいの？」，「ワンワン，きたね」などと乳児に話しかける時，母親の言葉は短くゆっくりで，繰り返しが多く，高めの声や誇張したイントネーションを使う（岩田, 1990）。

そして，動物に話しかける時，飼い主はこのマザリーズによく似た話しかけ方をしている（Katcher & Beck, 1986）。私たちは動物に，短くゆっくりとした口調で話しかける。そして，まるで動物が答えを

用意するのを待つかのように間をあけて，次の言葉をかけるのだ。発達心理学者のメルソンは，家庭動物に対するこのマザリーズにも似た話し方をペティーズ（pettese：ペット語）と呼ぶ（メルソン, 2007）。

　最近の脳科学の知見からは，母親は，単に気持ちの高揚から母親語を話すのではなく，乳児になんとか言葉を伝えようとしている意図の表れであることが示されている（理化学研究所, 2010）。

　私たちがペティーズを使うのも，動物に言葉を伝えるため，絆の確認のためだとメルソンは考える。母親語の大きな役割の一つは，乳幼児の発話を促し，上達させることだ。もちろん私たちは，動物が言葉を話すとは思っていない。それでも私たちは，動物がひとの言葉を分かると確信している。言葉は話さないけれど，じっと見つめたり，首をかしげたり，前足を膝の上に置いたりすることで，動物がなんらかの気持ちを伝えてくれていると信じている。

　「そうかな。あなたの言葉を本当に理解しているか，実際に尋ねてみない限り分からないよ。単に，あなたがそう感じるだけかもよ？」と意地悪な質問をしても，おとなも子どもも，動物を飼っているひとたちは頑として主張する。「いいえ，絶対にこの子は私の気持ちを分かってくれているの。私の言ってることが分かるのよ。この子は賢いの。私には分かる」。

　「目は口ほどにものを言う」とのことわざを持ち出すまでもなく，ひとは見つめたり首をかしげたり，身振りや表情，眼差しなどの「非言語コミュニケーション」により，他者と意思の疎通を図る。そして，動物を自分の子どもや幼いきょうだいとみなす飼い主も，動物が非言語コミュニケーションで心を伝えていると信じている。

　私の母は毎晩，飼っているチャコがベッドにきてくれると，さも驚いたように「まあ，チャコちゃん，来てくれたの？　お母さんうれしいわ」と言ってあげるそうだ。そうすると，チャコがこの上なくうれしそうに目を細めてキュウゥゥ，と鳴くのがかわいくてたまらないそうだ。

■ 4-2　自己開示の相手

このように，私たちは動物と「会話」をする。ひとは，社会的な生き物だ。誰かに自分のことを話したい。自分のことを話して理解してもらうことで，ひとは心を健康に保つことができる (Jourard, 1959)。

自分の考え，情報，感情などを自分の意思で，特定の相手に対して言葉で伝えることを「自己開示」という (安藤, 1990)。「自己開示」というと大げさに聞こえるが，私たちが日常で行う自己開示は，「この間の日曜に○○に行った」とか，「今度の新監督には期待してるねん」とか，「こんなものを買った」，「風邪ひいた」など，比較的表面的な，自分の内面には言及しない自己開示が多い。そして，自己の内面的な悩みや人間関係の悩みなどに関する自己開示はそれほど多くない。大学生に対して行った調査でも，自分の悩みに関しては，それほど詳しく話をするわけではないようだ (榎本, 1987)。

裏を返せば，友だちとは他愛のない自己開示はできるが，本当に大事な，悩みなどの自己開示は，行える相手が限られるか，あるいは誰にも打ち明けることができない様子が垣間見える。ましてや，おとなになってしまうと，職場の同僚に打ち明けられる悩み事など限られる。さらに，私たち日本人は，他者との調和を重んずる傾向が強く，悲しいにつけうれしいにつけ，他のひとの気持を慮って，なかなか自分の感情を表に出せない (Markus & Kitayama, 1991)。

でも，誰かにつらいことや悲しいこと，うれしいことを話したい。動物との「会話」で，この欲求を満たされるひとは多い。これが，愛着を構成する六つの要素の中の「自己開示」だ。

■ 4-3　受容：動物は評価をしない

私たちは，動物にどのような自己開示をするのだろう。なぜするのだろう。

私の母の友だちは，夫の看病のこと，その日にあったできごと，娘とのケンカなど，飼っている猫に毎日話すそうだ。決してベタベタとはしないけれど，こちらが話をすると，じっと聞いてく

れるのだそうだ。そうやって毎日毎日，猫に「報告」をするのだそうだ。うちの母も同じだ。疲れて帰ってから散歩に連れて行くのは，正直つらい時もある。それでも，帰ってくると大喜びで迎えてくれるチャコと話していると，気持ちがなごむのだそうだ。

　私たちは，もちろん，友だちや家族にも悩みを話す。でも，動物が友人や家族と違うところが二つある。

　一つは「傾聴してくれる」こと，もう一つは「動物は評価しない」ことだ。

　傾聴といえば，カール・ロジャースの「クライエント中心療法」（ロジャース，2005）を持ち出すまでもなく，カウンセリング以外の場でも，ひとの話を聞く際に用いられている技法だ。もちろん，動物はカウンセリングの技法など知る由もない。しかし，動物は私たちの話をただひたすら聞いてくれる。動物は「いま忙しいから」とは言わない。携帯電話をいじりながら身の入らない聞き方をすることもない。じっと傍にいて，話を聞いてくれる。もの問いたげな目でこちらを見つめる。泣くと手をなめたりして，慰めてくれる。個体によって差はあるだろうけれど，家庭動物は，慰めがほしい時にそばにいて，話を聞いてくれる。

　そして私たちは，「動物は評価しない」ということを知っている。私たちは常にひとの目を意識し，自分の振る舞いが他のひとの目にどう映るか，どう思われるか，無意識のうちにも気にかけている。でも動物はそのような「評価」をしないので，心を許してさまざまなことを話せる。

　動物は，あなたの失敗に対し「こうしたらよかったのに」と言ったり思ったりすることはない。成功した喜びを興奮気味に話しても，それを妬んだりうらやんだりすることもない。あなたが老いていても若くても，貧しくても裕福でも，努力家であろうと怠惰であろうと，動物にとって意味のあることではない。いつも，いつでもあなたに寄り添い，あなたを見つめ，話を聞き，撫でてもらうと幸せそうにする。その変わらぬ姿は，対人的なストレスで疲れがちな私た

ちに，世の中のだれがどう評価しようとも，動物だけは，あなたを全面的に受け入れて，愛してくれることを実感させる。この「愛されている」，「受け入れられている」という実感が，愛着を構成するもう一つの要素「受容」だ。

4-4 友達といること，動物といること

この，「世間のひとは私を評価するけど，動物は評価しないので心を許せる」という私たちの気持ちは，実は実験によっても証明されている。

アレンら (Allen et al., 1991) は，犬を飼っている 27-55 歳の女性 45 人に対して，仲の良い友達，あるいは飼っている動物がいることとストレスとの関係について，実験を行った。

アレンらはまず，犬を飼っている被験者 (実験に参加したひと) に大学の実験室で算数の暗算をしてもらった。暗算は，一般的には集中力を要するストレスのかかる作業だ。さらに実験室には，実験者一人が付き添うことで，よりストレスのかかる状態となった。その 2 週間後，アレンらは被験者に，自宅で同じように暗算をしてもらった。異なるのは，被験者を三つの群に分け，それぞれ，①「仲の良い同性の友達と実験者がそばにいる状態」，②「飼っている犬と実験者が部屋にいる状態」，③「実験者のみがいる状態」で，暗算をしてもらったことだ (図1-6)。どれほどストレスを感じているかの指標として，被験者の心拍数や血圧，手のひらの汗などが測定された。

この実験の結果，同性の友達がそばにいる場合は，実験室での暗算の場合，自宅で実験者と，あるいは犬と一緒に暗算を行った場合よりも，心拍数や血圧，てのひらの汗の量が増した。しかし，犬が部屋にいた場合は，実験室で行った場合や自宅で実験者に見守られながら暗算を行った場合よりも，心拍数や血圧，てのひらの汗の量が少なかった。

つまり，ストレスのかかる作業をする時，親しい同性が部屋にいると余計にストレスを感じるのに対し，飼っている犬と一緒だと，

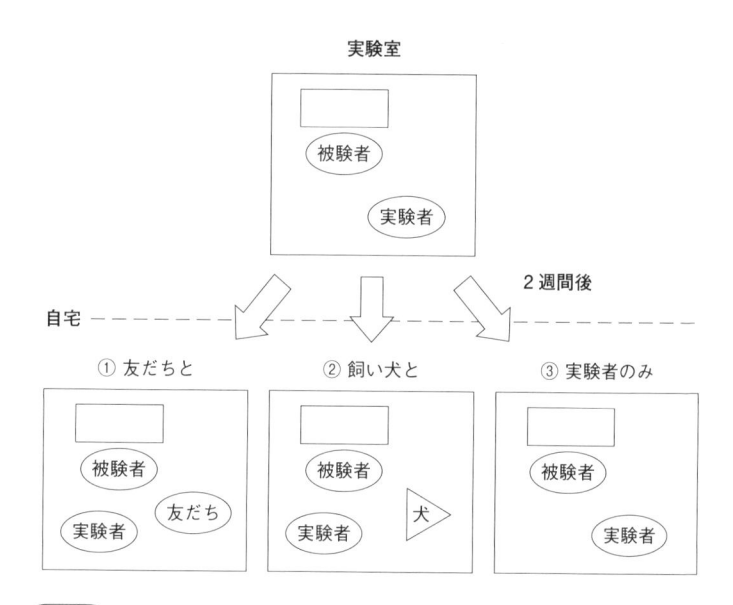

図 1-6 アレンらの行った実験（Allen et al.(1991) より作成）

飼い主たちはよりリラックスして作業ができたということだ。

この「同性の友達といるとストレスがかかり，犬といるとストレスが軽減される」という結果は，暗算の正答数からも裏付けされている。実験室で行った時に比べて，犬が一緒にいた時には正答数に変わりはなかったが，同性の友達がそばにいた時は，正答数が減った。早く問題を解こうと焦ったり，その結果やり直しをせざるをえなくなったり……。友達がいると，なにかと気が散るのだ。

4-5 友達といること，動物といること

このような現象についてアレンらは，「友人に対しては，無意識であるにせよ「自分がちゃんと暗算ができるかを評価されている」という意識が働いて，ストレスが高まるのではないか。それとは逆に，飼い犬は自分の暗算のでき具合を決して評価したりはしないた

め,ストレスが軽減されるのではないか」と考察している。

私たちは自分を評価する時に,無意識に他者と自分を比べる。この実験では友人たちはむしろ,被験者の暗算を応援し見守ってくれていることが報告されている。それでも,自分がうまくできるかどうか不安な時,自信がない時に,私たちは自分の作業を見守る他者の存在を脅威と受け取るようだ。

それに対して,飼い主たちのコメントからは,「愛犬と自分は信頼関係にある。飼い犬はいつも自分の味方」ととらえていることが見て取れた。この,動物からの揺るぎない「受容」を信じる気持ちが,ストレスを軽減させ,動物への自己開示へと私たちをいざなう。動物への愛着が,より一層深まる。

■ 4-6 自己開示と自己受容

批判や反対をされる心配なく自己開示ができること,自分の存在を無条件に肯定し,受容してくれる相手がいることは,私たち自身にも自分のありのままを受容することを許し,自尊感情を高めて精神の健康をもたらしてくれそうだ。

「自己受容」とは,良いところも悪いところも含めて,自分を客観的に見つめ,自己を受け入れることだ(沢崎,1993)。しかし,人間とは,自分を評価せずにはいられない動物のようだ。自分の思い描く「世間並」や「一般的なひと」と自分を比べて,また理想の自分と現状の自分を比べて,私たちは自分を評価せずにはいられない(Bracken, 1996)。アレンらの実験においても,友だちが応援してくれていてさえ,私たちは友人の存在により自己を意識し,自己評価してしまう。

しかし,家庭動物は私たちを評価しない。私たちの好意を拒むようなこともしない。私たちからのおやつを,思春期の娘のように「太るからいらない」とは言わない。私たちとの散歩を待ちわび,散歩に出かけると,目を合わせてうれしそうにはしゃぐ。私たちの姿を見受けると目を輝かせて喜んでくれる。そのような,私たちを無条件に受容してくれる動物の存在により,私たちもまた,自己を受

容することができる（ベック・キャッチャー, 2002）。

　幼かった我が子も，自我が育って親を評価し批判するようになる。しかし動物は，精神的に成長し，家族を批判的な目で眺めることはない。家庭動物は「永遠の子ども」,「永遠の妹，弟」としてそばにい続けてくれるのだ。

Chapter 1 のまとめ

　Chapter 1 では，ひとはどうして動物と暮らすのかについて考えた。

動物は「家族の一員」

　一昔前は犬は屋外で暮らし，猫は自由に家の中と外を行き来していた。しかし近年は，犬も猫もほとんどが室内で大事に飼われている。動物は「家族の一員」なのだ。

愛着の絆

　愛着とは，特定の相手との間に形成される情緒的な結びつきだ。家族や恋人，友だちは私たちの大事な愛着の対象だが，実際の人間関係は，必ずしも私たちの思い通りにはいかない。しかし家庭動物は，いわば「永遠の子ども」として，私たちに寄り添い，無償の愛を注いでくれる。そこに，私たちが動物に特別な愛着を感じる理由がある。

愛着を感じる要素

　私たち日本人が動物に感じる愛着は六つの要素からなる。そのうちの三つが養護性，自己開示と受容だ。

　【養護性】　私たちは，家庭動物を慈しみ世話をすることで，「動物に必要とされている」と感じ，よりいっそう愛おしさを感じる。家庭動物に養護性を刺激される理由の一つが，ベビースキーマと呼ばれる「かわいい」姿だ。成長しきっても，ベビースキーマを保つ家庭動物は，「永遠の子ども」としてひとの養護性をゆさぶる。

　【自己開示と受容】　私たちは，動物はひとの言葉が分かると確

> 信している。動物は私たちの話をじっと傾聴してくれる。そして私たちは、「動物は私たちを評価しない」ことを知っている。動物を「自分の味方」と感じられるため、私たちはうれしいことも悲しいことも、安心して動物に自己開示する。そして、あるがままの自分を動物が「受容」してくれることにより、私たちもまた、「自己受容」をすることができる。

【引用・参考文献】

安藤清志 (1990).「自己の姿の表出」の段階　中村陽吉［編］「自己過程」の社会心理学　東京大学出版会, pp.143-198.

池田光一郎 (2000). ペットフード産業の歴史と現状　ペット栄養会誌, **3**, 40-47.

岩田純一 (1990). ことば　無藤　隆・田島信元・高橋恵子［編］発達心理学入門Ⅰ―乳児・幼児・児童　東京大学出版会, pp.108-128.

榎本博明 (1987). 青年期（大学生）における自己開示性とその性差について　日本心理学研究, **58**, 91-97.

柿沼美紀 (2008). 発達心理学から見た飼い主と犬の関係―人の身勝手な要求に翻弄される犬　森　裕司, 奥野卓司［編著］ヒトと動物の関係学第3巻　ペットと社会　岩波書店, pp.76-99.

小嶋秀夫 (1989). 子どもの養護性の発達　小嶋秀夫［編著］乳幼児の社会的世界　有斐閣

沢崎達夫 (1993). 自己受容に関する研究 (1) ―新しい自己受容測定尺度の青年期における信頼性と妥当性の検討　カウンセリング研究, **26**, 29-37.

内閣府 (2010). 動物愛護に関する世論調査〈http://survey.gov-online.go.jp/h22/h22-doubutu/index.html（2015年10月15日確認）〉

日本ペットフード協会 (2014). 平成25年　全国犬猫飼育実態調査〈http://www.petfood.or.jp/data/chart2014/index.html（2015年11月2日確認）〉

濱野佐代子 (2003). 人とコンパニオンアニマル（犬）の愛着尺度―愛着尺度作成と尺度得点による愛着差異の検討　白百合女子大学発達臨床センター紀要, **6**, 26-35.

濱野佐代子（2013）．「家族」としてのコンパニオンアニマル　石田　戢・濱野佐代子・花園　誠・瀬戸口明久　日本の動物観—人と動物の関係史　東京大学出版会，pp.36-54．

ベック，A.・キャッチャー，A.／横山章光［監修］カバナーやよい［訳］（2002）．あなたがペットと生きる理由—人と動物の共生の科学　ペットライフ社

ボウルビィ，J.／黒田実郎［訳］（1967）．乳幼児の精神衛生　岩崎学術出版

ボウルビィ，J.／黒田実郎・大羽　蓁・岡田洋子・黒田聖一［訳］（1991）．母子関係の理論（新版）　Ⅰ　愛着行動　岩崎学術出版

ボウルビィ，J.／二木　武［監訳］（1993）．母と子のアタッチメント　心の安全基地　医歯薬出版株式会社

マーラー，M. S.・バーグマン，A.／高橋雅士・織田正美・浜畑　紀［訳］（2001）．乳幼児の心理的誕生—母子共生と個体化　黎明書房

メルソン，G. F.／横山章光・加藤謙介［監訳］（2007）．動物と子どもの関係学—発達心理からみた動物の意味　ビイングネットプレス

山本　晃（2010）．青年期のこころの発達—ブロスの青年期論とその展開　星和書店

理化学研究所（2010）．子どもの言語発達に合わせて親もマザリーズ（母親語）の脳内処理を変化—育児経験，性差，個性により親の脳活動の違いが歴然　理化学研究所プレスリリース報道発表資料（2010年8月10日）〈http://www.riken.jp/pr/press/2010/20100810/（2015年10月15日確認）〉

ローレンツ，C. K.／日高敏隆・丘　直通［訳］（1989）．動物行動学Ⅱ　新思索社

ロジャーズ，C. R.／保坂　亨・諸富祥彦・末武康弘［共訳］（2005）．クライエント中心療法　岩崎学術出版社

Allen K. M., Blascovich J., Tomaka J., & Kelsey R. M. (1991). Presence of human friends and pet dogs as moderators of autonomic responses to stress in women. *Journal of Personality and Social Psychology*, **61**, 582-589.

Bracken B. A. (1996). *Handbook of Self-concept.* New York: John Wiley.

Cain, A. O. (1985). Pets as family members. In M. B. Sussman (Ed.), *Pets and the family.* New York: The Haworth Press, pp.5-11.

DIMSDRIVE（2009）．ペットに関するアンケート2009〈http://www.dims.ne.jp/timelyresearch/2009/090623/（2015年10月15日確認）〉

Harlow, H. F. (1958). The nature of love. *American Psychologist*, **13**, 673-

685.
Jourard, S. M. (1959). Self-disclosure and other-catherxis. *Journal of Abnormal and Social Psychology*, **59**, 428–431.
Katcher, A. H., & Beck, A. M. (1986). Dialogue with animals. Transactions & studies of the college of physicians of Philadelphia. Ser. 5, *Medicine & history*, **8**, 105–112.
Markus, H. R., & Kitayama, S. (1991). Culture and the self: Implications for cognition, emotion, and motivation. *Psychological Review*, **98**, 224–253.
Melanie, L., Glocker, M. L., Langleben, D. D., Rupare, K., Loughead, J. W., Valdez, J. N., Griffin, M. D., Sachser, N., & Gur R. C. (2009). Baby schema modulates the brain reward system in nulliparous women. *Proceedings of the National Academy of Science of the United States of America*, **106** no. 22, 9115–9119.
Soares, C. J. (1985). The companion animal in the context of the family system. In M. B. Sussman (Ed.), *Pets and the family*. New York: The Haworth Press, pp.49–62.

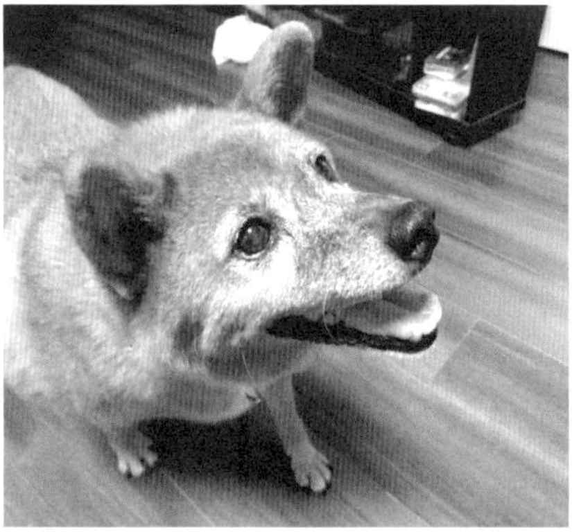

Chapter 2
「絆」の力
動物は「効く」のか

　私たちが動物と暮らす，その大きな理由の一つが動物との愛着であり，愛着の絆を結ぶことにより，養護性を満たされ，動物から受容され，心が安らぐことが分かった。
　そして「動物と暮らしていると，心身が健康になりそうだ」――そんなことを誰もが，漠然と感じるのではないだろうか。
　落ち込んでいても慰めてくれる。一緒にいると楽しい。元気がでる。明るい気持ちになれる。「癒しの力」が動物にはある気がする。
　ではもし，動物との暮らしが，「重篤な病の淵からの回復を助ける力になるのだよ」，「言葉を話すこともできなかった子どもが友だちと交流できる支えにもなるのだよ」と言ったら，あなたは信じてくれるだろうか。
　「そんなに簡単に，病を軽減する手立てがあるのならば，医者などいらないではないか」。あなたはそう思うかもしれない。
　動物との暮らしは，ひとの心身の健康に良い影響を与えるのだろうか。もしそうだとしたら，それはいったいなぜだろうか。動物にはどのような力があるというのか。
　Chapter 2 ではいくつかの実証研究を紹介しつつ，動物とひとの心身の健康との関係について，考えていきたい。

① 身体に効く：疾病に与える効果

■ 1-1　心疾患と「動物を飼う」こと
　動物と暮らすことが，死の淵と隣り合わせの重篤な病にも効果を持つのか。それを確かめる調査が行われたのは，それほど昔のこと

ではない。冠動脈疾患や心血管系の重病で死の淵をさまよっているひとに「動物が効くか」など、だれも真剣に検証しようとしなかったからだ。

社会的な孤立がひとの健康に良くない影響を与えることは、さまざまな研究から明らかになってきている。パートナーがいることは、パートナーと死・離別したり、ひとりで暮らしたりしている場合に比べて、不安や抑うつを軽減し、健康に良い影響を与えることが報告されている（Ross, 1995）。また、孤独感が長く続くと免疫力が低下し、アルコール濫用、肝硬変、高血圧、心臓病などの身体的な病気にかかりやすくなるともいわれている（フォーサイス・エリオット, 1999）。

その意味で、「家族の一員」であり、「永遠の子ども」である動物と暮らすことは、孤独が生む悪影響を減じてくれる可能性がある。

しかし、「家族の一員」だからといって、動物の存在が生存率を引き上げてくれるなど、誰が考えたことがあるだろうか。

私たちは、動物から「癒される」ことは小さな幸福のもとではあるけど、きわめて日常的なことで、医療の世界にまで影響するほどの効果を持ち合わせるものではないと、漠然と感じている。動物の「癒し」が重篤な病にも効く……。まさかね。

その「まさか」についての世界で初めての研究が 1970 年代の終わりごろ、エリカ・フリードマンらによって、アメリカで行われた（Friedmann et al., 1980）。

この研究は、重篤な心疾患と親密な対人関係との関係について検証したものだった。狭心症や心筋梗塞などの重篤な心臓血管系の病気で入院し、冠疾患集中治療室から自宅に戻った患者に対して、孤独やソーシャルサポート、つまり対人関係の中で得られる支援が 1 年後の健康状態や生存率にどのように影響するか、検証するために行われた研究だった。

その「ソーシャルサポート」の中に、世界で初めて「家庭動物」が組み込まれたのだ。

研究は、家庭動物が重篤な心疾患の予後に与える影響について、

いくつかの段階に分けて注意深く検証している。

1-2 1年生存率と動物を飼うこと

フリードマンらは，冠疾患集中治療室から自宅に戻った患者92人の1年生存率を調査した。結果は84％で，入院後1年で14人の死亡，78人の生存が確認された。

ところで，この92人の退院患者のうち，1匹以上の家庭動物を飼っていたひとは53人(58%)，動物を飼っていなかったひとは39人(42%)だった。そこで，この家庭動物を飼っていたひととそうでないひとの1年後の生存を比較したところ，にわかに信じがたいような結果となった（表2-1）。

動物を飼っていなかった患者は39人のうち11人，つまり28％が死亡した。一方で，動物を飼っていた患者は，53人のうち3人，つまり6％しか死亡していなかった。これを統計検定にかけると，「入院してから1年で死亡する確率は，家庭で動物を飼っても飼わなくても同じ」である可能性は，0.2％以下であることが判明したのだ。これはいってみれば，「明日は雨が降ります」と予報して実際に雨が降る確率が0.2％以下であったようなものだ。「動物を飼った場合と飼わない場合の死亡率に明らかに差がある」といえる結果だった。

動物を飼うと重篤な心疾患の1年生存率が上がる……。この結果が見出された当初，フリードマンらのチームでは，「なに？　胸がひどく痛む？　じゃあ犬を3回撫ぜて，明日の朝病院に来てね」などという冗談が交わされたほどであったと，フリードマンの共同研究者の一人は述べる（ベック・キャッチャー，2002）。

しかし，この結果にはさらにいくつかの検証を行う必要があるこ

表2-1　動物飼育の有無と生存率（Friedmann et al.（1980）より作成）

	死亡	生存	死亡率
動物を飼っていたひと（53人）	3	50	6%
動物を飼っていなかったひと（39人）	11	28	28%

とは明らかだ。

たとえば,動物を飼えるひとは,もともと病気がそれほど重篤ではなかったのではないか。動物を飼って世話できるほどの体力と気力があったから動物を飼っていたのであって,「動物を飼っていた」ことではなくて「飼うことができた」ことが,実は死亡率が低かった原因ではないのか。

あるいは,犬を飼うと,日課のように散歩に連れて行くことが多い。それが健康に良かったのではないか。つまり,動物を飼わなくとも毎日散歩をすれば,それで生存率も上がるのではないか。つまり,散歩に連れて行く必要のない猫や小鳥の場合は,健康に影響しないのではないか。

■ 1-3 犬との散歩が「効く」のか

そこでフリードマンらは次に,犬以外の動物を飼っていた患者10人と,動物を飼っていなかった患者39人との死亡率を比較した。結果は表2-2の通りである。

前述のとおり,動物を飼っていなかった患者は39人のうち11人,つまり28%が死亡した。一方で,犬以外の動物を飼っていた患者10人のうち,死亡者は0人,ひとりもいなかった。

10人のうち0人。直感的に,二つの相反する見方が思いつく。一つは,これを素晴らしい結果だとする見方だ。「動物を飼わない場合の結果と比べて,一人の死者もないのは素晴らしい！」。

もう一つは,犬以外の動物を飼っていたひとの人数があまりにも少ないことからくる懐疑的な見方だ。「これくらいの人数の少なさならば,死亡者が1人もいなかったとしても不思議ではないだろう。

表2-2 犬以外の動物飼育の有無と生存率 (Friedmann et al. (1980) より作成)

	死亡	生存	死亡率
犬以外の動物を飼っていたひと (10人)	0	10	0%
動物を飼っていなかったひと (39人)	11	28	28%

実際に両者に違いがあるとはいえないのではないか」。

しかし、統計検定にかけると、これもはっきりとした答えが浮かび出る。「家庭で犬以外の動物を飼おうとも、入院してから1年で死亡する確率は、飼っていないひとと変わらない」可能性は0.5%以下でしかなかった。世の中には「犬派」と「猫派」がいる。さらに、犬と猫だけでなく、フェレットやモルモットなど、さまざまな家庭動物が存在する。しかし、この結果からは、犬かどうかにかかわりなく、動物を飼っていることが1年生存率を引き上げることが示された。

つまり、動物を飼う効果とは、犬の散歩などによる運動量の増加などの副次的な影響ではないことが証明されたのだ。動物を飼わずとも散歩などで運動量を増やせばよい、ということではないのだ。もちろん散歩も健康には良い。しかし、動物が重篤な心疾患の1年生存率に効く理由は、まさに「動物がいる」ことそのものであったことが、この分析結果からはうかがえる。

■ 1-4 動物を飼える患者はそれほど重篤ではなかったのか

またフリードマンらは、病気の重さと動物を飼っていることとの関係についても分析を重ねた。先ほど述べたように、病気がそれほど深刻でないひとたちが動物を飼っていた、つまり「飼っていた」ひとではなく「飼うことができた」ひとの死亡率が低かった可能性も捨てきれないためだ。

92人の患者の病状を6段階で評価したところ、まず、病気の重さが1年生存率と関連することが明らかになった。当然ながら、病気が重ければ生存率も下がるわけだ。その上で、動物を飼っていることと病気の重さとは関係がないことも、明らかになった。つまり、「飼える」ひとが飼っていたわけではないのだ。病気が重くないひとが飼うから生存率が上がっていた、というわけではなかったのだ。

■ 1-5 「正味」の動物の効果

最後にフリードマンらは、なにが最も1年生存率に影響するのかについて検証した。

ここまでの検証で、1年生存率には病気の重篤さとともに、動物を飼っていることも影響するのは分かっている。しかし、生存率にはその他のさまざまな要因が影響を与える。たとえば、年齢やそのひとの性格——怒りっぽさなども、動物を飼っていることとともに1年後の生死に影響を与えるかもしれない。

動物を飼っていることの生存率への影響は、十分に大きいのだろうか。ひょっとすると、病気の重さの影響力に比べたら、年齢と比べたら、動物を飼うことの効果など消し飛んでしまうのではないか。例えるなら、動物を飼うことは「オムライスに入っている玉ねぎ」のようなものかもしれない。確かに玉ねぎが入ったほうがオムライスはおいしい。でも、玉ねぎだけ食べればその味は際立っても、フワフワたまごやケチャップライスに比べると、玉ねぎが入っていることは目立たない。

そこでフリードマンらは、病気の重さに比べて「動物を飼っていること」の影響も十分に大きいのか、年齢の影響などとともに、統計分析によって確かめた。その結果が表2-3だ。

結局、1年後の生存と死亡を左右する最も有力な要素は病状で、病気の重さによって1年後の生存率の21%が決まってしまうことが明らかになった。しかし、動物を飼っていることも、病気の重さとは別に2.5%の影響を持つ。つまり、病気の重さは生存率を21%

表2-3 1年生存率への「病気の重篤さ」、「動物を飼っていること」、「年齢」の影響 (Friedmann et al. (1980) より作成)

1年生存率に影響するもの	それぞれの説明率（%）
病気の重篤さ	−21.0
動物を飼っていること	2.5
年齢	−0.9

下げるが，動物を飼うことは，生存率を 2.5％ 高めるのだ。年齢の場合は 0.9％ だから，年齢よりも動物を飼っていることの方が影響が大きいことが分かる。

1-6 健康と動物を飼うこととの関係

このように，家庭で動物を飼うことと重篤な心疾患の 1 年生存率の上昇との関係が，フリードマンらの研究から見出された。

フリードマンらの研究以降も，動物を飼うこととひとの健康との関係については，いくつも研究が行われている。

オーストラリアでは，5,741 人という大規模な人数を対象として，なにが心血管疾患のリスクとなるかについて，調査が行われている。その中で，動物を飼っているひととそうでないひととの比較も行われた (Anderson et al., 1992)。その結果，動物を飼っている場合，男性では，最高血圧，血中のコレステロール値や中性脂肪値が動物を飼っていないひとより低く，女性では 40 歳以上の場合，最大血圧が動物を飼っていないひとに比べて低かった。

興味深いのは，動物を飼っているひとの方が健康的な生活をしているわけでは，必ずしもなかったことだ。飲酒や肉食，テイクアウトの食事の利用頻度は，動物を飼っているひとの方が飼っていないひとよりも多かった。運動量は動物を飼っていないひとよりも飼っているひとの方が多く，犬の散歩による運動量が動物の飼い主全体のリスク要因を下げているのかとも思われたが，調査の結果，犬の飼い主もその他の動物の飼い主も，血圧やコレステロール値，中性脂肪値などに差はなかった。

「飲酒や肉食が多めであるなど，いささか不健康な生活を送っているにもかかわらず，動物を飼っているひとのほうが，動物を飼っていないひとよりも心臓血管系の機能や血液の状態が良い」という事実は，動物を飼うことと健康の向上との関係を示してくれる。

また，イギリスで行われた調査 (Serpell, 1991) では，犬の飼い主 47 人，猫の飼い主 24 人に対し，犬・猫を飼う前と飼い始めた後の心身

の健康の変化について，動物を飼っていないひと26人との比較も交えながら検証している。その結果，犬の飼い主は，飼う前に比べて，飼い始めて1か月，6か月，10か月の時点で，軽度の健康問題(頭痛や肩こり，関節痛や不眠，風邪引きなど)の訴えが少なくなり，6か月と10か月の時点で精神健康状態が改善されていたことが明らかになった。猫の飼い主も，飼い始めて1か月の時点で，飼い始める前よりも軽度の健康問題の訴えが少なくなった。また，動物を飼っていないひとに比べても，犬の飼い主・猫の飼い主ともに，飼い始めの1か月での軽度の健康問題の訴えが少なくなったことが報告されている。

　なぜ犬や猫では効果にばらつきがあるのか，また，飼い始めて比較的初期にみられる健康への良い効果が，1年2年……と飼い続けても続くのかは，明らかではない。しかし，動物との暮らしを始めることは，飼い主の心身の健康に良い影響をもたらすようだ。

② 心に効く：ストレス軽減に与える影響

　たくさん犬や猫を飼ってきた中で，コロノスケ(☞ii頁)に特に思い入れがあるのには理由がある。とびぬけて器量が良かった，賢かった，初めて家の中で飼った，などもあるが，私の実家が大変だったころにいてくれて，家族を支えてくれたことが大きいと思う。その頃，家族のそれぞれが学校や職場での人間関係に悩んでおり，居場所がなかった。せめて家族には理解してほしいと思いつつ，相手の苦しみを分かってあげることができず，トゲのように互いのつらさで傷つけあっていた。

　そんな私たちにとって，コロノスケは心のやすらぎだった。母はコロノスケを撫でながら「あんた，間違えて犬に生まれてきたんやねえ。こんなに私の気持ちをよう分かってくれて。私が泣いとったら「泣いたらあかん」って，膝に手をかけて慰めてくれて。こんなに賢いねんから，ほんまは人間に生まれるはずやったんやなあ」と

話しかけた。私もコロといると気持ちがほぐれた。コロを挟んで母といると，二人ともやさしい気持ちになれて，素直に話をすることができた。父は休日，コロと山へ登るのが楽しみだった。私もたまについていくと，水筒の水を飲んで休みながら，コロを挟んで話をした。山から帰ってきた私たちに母は「今日はどこまで登ってきたん？ よかったなあ」とニコニコ声をかけた。

　一緒に暮らしているけれど，心はバラバラだったあの頃。コロノスケが家族の接着剤となり，みんなの心を支えてくれたと思っている。

　動物は，身体の健康に「効く」ようだ。そして，動物と暮らしは，ひとの心にも影響を与えるのではないか。

■ 2-1　ストレスと動物

　疾病をもたらす大きな原因として，ストレスがある。ストレスは現代社会において避けて通ることのできない問題であり，日々の生活はある意味，ストレスの連続だ。ストレスに関する学説を初めて唱えたセリエは「ストレスは人生のスパイス」と述べた。確かに，ただ楽しく穏やかなだけの生活は刺激がなくて退屈なものだ。しかし，心身の健康を損ねるほどの過度のストレスは避ける必要があるのも事実だ。日々のストレスを避ける，あるいはその影響を軽減するにはどうすればよいのだろうか。動物を飼うことは，ストレス軽減に関係するだろうか。

　この問いへの一つのヒントとなるのが，ライフイベントに際して高齢者が受けるストレスと病院への受診，動物を飼うこととの関係について調査したシーゲル (Siegel, 1990) の研究だ。

　ライフイベントとは，「人生におけるできごと」という意味で，たとえば入学や卒業，結婚や就職などがそうだ。シーゲルが調査した家族との離別，友人との死別，妻・夫の病気などはストレス度の高いライフイベントにあたる。シーゲルは，カリフォルニアの65歳以上の高齢者938人に1年間にわたって，これらのストレス度の高

38　Chapter 2　「絆」の力

```
┌─────────────┐
│ ストレス度の高い │──┐
│ ライフイベント  │  │    ┌─────────┐
└─────────────┘  ├──→│ 病院への  │
┌─────────────┐  │    │ 受診回数  │
│ 慢性的な      │──┘    └─────────┘
│ 健康問題      │        ↑
└─────────────┘        ▽
                      動物
```

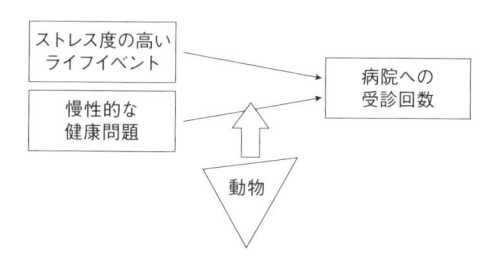

図 2-1 各変数の関係（Siegel（1990）より作成）

いライフイベントや慢性的な健康問題と、病院への受診回数との関係、そして、家庭で動物を飼っていることが病院への受診回数にどのような影響を与えるかについて検証した（図2-1）。

　得られたデータに対してシーゲルはまず、病院への受診になにが影響を与えるかについて分析した。その結果、ストレス度の高いライフイベント、そして慢性的な健康の問題が、病院への受診に大きな影響を与えていた。これは当然のことだろう。

　ところが、分析を進めると、ストレス度の高いライフイベントの生起にも関わらず、動物を飼っていることが病院への受診回数を減らす影響を与えていることが明らかになった。

　そこでシーゲルは、ストレス度の高いライフイベントの「多さ」と病院への受診との関係を調べてみた（表2-4）。ストレス度の高いライフイベントが多ければ病院への受診回数が増えるのは、うなずける。実際、動物を飼っていないひとでは、そのような傾向がみられた。しかし、動物を飼っているひとの場合、ライフイベントが多くても、少ない時の病院への受診回数との間に、意味のある差はみられなかった。

　人生にストレスはつきものだ。しかし、動物の存在が、ストレス度の高いできごとによる心身のダメージをある程度防いでくれることを、シーゲルの研究は示している。

表 2-4 病院への平均受診回数とライフイベントの多さ，動物を飼っていること (Siegel (1990) より作成)

	ストレス度の高いライフイベント		意味のある差
	多かった	少なかった	
飼っていないひとの平均受診回数	10.37	8.38	○
飼い主の平均受診回数	8.91	7.90	×

③ 病気の治療と動物

3-1　レビンソン博士とジングルス

　動物がそばにいることは健康に良いようだ。では，疾病の治療にも，動物がいることは役に立つのだろうか……。

　この問いに関して，今も多くの医学的あるいは心理学的研究が行われている。そして，「治療における動物の有効性」を初めて世に明らかにしたのが，米国の臨床心理学者レビンソンが1962年に発表した「共同治療者としての犬」と題する論文だった (レビンソン, 2002)。

　きっかけは，ある子どもとレビンソンの飼い犬ジングルスとの，偶然の出会いだった。ニューヨークで自閉症の子どもの治療を行っていたレビンソンは，いつもは治療面接の場にはジングルスを入れないようにしていた。ところがある朝突然に，予定より数時間も早く，ある男の子が母親とともに面接室に訪れた。その男の子ジョニーは，それまで長期間の治療を受けてきたのだが症状が改善せず，引きこもり状態が悪化していた。レビンソンが治療を引き受けるか，その日に面接して決めることになっていたのだ。

　ドアが開いて男の子が部屋に入ると，ひとなつこいジングルスはジョニーの顔をなめ始め，ジョニーもジングルスを撫でてかわいがりはじめた。面接の後もジョニーはジングルスと遊びたがり，レビンソンはその日のうちに，ジングルスを同席させての治療をジョニーに行うことを決断したのだった。その後の何回かの治療面接の間，

レビンソンはジョニーをジングルスと遊ばせ，ジョニーとレビンソンとの間でも，次第に会話が進むようになった。こうして，ジングルスの同席が自閉症児の心をレビンソンに対して開かせ，それによって停滞していた治療が進んだことをレビンソンは報告している。

レビンソンはその後も子どもたちの治療に犬を介在させる中で，動物がいることは子どもたちの緊張を緩和させて居心地のいい環境を作ること，子どもは犬を介してセラピストや他の人々との関係を形成できること，自由でありのままでいる動物は子どもにとって自分を映す鏡となること，子どもの動物への反応が診断や治療に役立つことなどを「共同治療者」たるゆえんとして考察している。また，レビンソン以降，猫などを始めとした動物を介在させての治療，いわゆる動物介在療法 (Animal Assisted Therapy: AAT) が徐々に受け入れられ，行われるようになった。

古代ローマ帝国時代，戦場で傷ついた兵士たちのリハビリテーションに馬が用いられるなど，「動物との関係がひとに良い影響をもたらす」という考えは紀元前からあった。欧米でも (中村・岡, 2013)，またわが国でも森田療法の中で (矢野, 2010)，動物の世話が精神疾患の治療に取り入れられてきた。そして，レビンソンの研究を受けて，1970年代になると，「ひとと動物の絆」(☞11頁) がひとの心身の健康に与える影響について科学的検証が行われるようになり[1]，前節のフリードマンの研究を始めとする多くの知見を生んだ。乗馬療法などの，世界で最も古い治療法の一つであった動物を用いての治療は，科学的検証という新たなスポットライトの中で注目され，より効果的な治療プログラム開発がいまも研究されている。

---

[1] デルタ協会，SCAS，AFIRIC などの諸団体は1990年には「人と動物の相互作用関係団体の国際組織 (International Organization of Human-Animal Interaction Organization: IAHAIO)」を設立し，ひとと動物の絆に関する学術研究を推進している。

3-2 動物を伴っての治療

　自閉症の子どもに対してレビンソンが初めて行った動物を伴っての治療は，現在も自閉症スペクトラムの子どもに対して最もよく行われており，研究も進んでいる分野の一つだ。現在，自閉症は「自閉症スペクトラム（連続体）」として診断や治療が行われている。自閉症スペクトラムは先天的な脳の中枢神経の機能障害で，言葉の遅れや知的障害を伴う場合から，アスペルガー症候群にみられるような障害を持つことが外からは分かりにくい高次自閉症まで，さまざまな症状と程度の幅がある。しかし，知的・言語的障害の有無にかかわらず共通しているのは，1）社会性の障害（相手の感情や場の空気を読み取れず，対人関係が苦手），2）コミュニケーションの障害（会話が苦手。うなずき・視線・表情などの非言語コミュニケーションを読み取れない），3）想像力の障害（「AかなBかな」という不確定要素を楽しんだり，不測の事態や臨機応変な対応が苦手）の三つの要素である。

　このような自閉症スペクトラムの子どもへの動物を用いた治療について，どのような動物をどのような方法で用いるのか，どのような効果が見出されてきたのかなど，1989年から2012年までの最新の知見をオヘア（O'Haire, 2013）が総括している。

　オヘアが検討した論文14本の中で，動物を用いることが最も効果を発揮したのは，対人関係における改善だった。14の論文のほぼ3分の2で，動物を用いない心理療法，あるいは動物を用いての治療前に比べて，社会的な部分が改善されたことが明らかとなった。加えて，言語や会話における改善もいくつかの研究でみられた。つまり，動物を伴っての治療は，自閉症スペクトラムの社会性およびコミュニケーションの障害に良い効果を持つようなのだ。

　行動面においても，攻撃性が低下するなどの改善がみられた。ひとと動物との関係についての研究では，動物とふれあうことによって血圧や心拍数が下がり，いわゆる「リラックス効果」が得られることが報告されている。高いストレスを経験することの多い自閉症スペクトラムの子どもたちにとって，ストレスが軽減してリラック

スできることにより，攻撃性が減じるのではないかとオヘアは洞察している。

ただし，これらの「良い効果」が，どの研究でも一律に表れるわけではない。用いられる動物や治療方法もさまざまだ。犬や猫を始めとする，馬，豚，イルカなどのさまざまな動物。一緒に遊ぶのか，世話をするのか，眺めるだけなのか。週1回か月1回か。治療期間は数か月でよいのか1年なのか，数年なのか。治療室で行うのか，農園で行うのか，あるいは海の中なのか……。療法に用いる動物の種類や治療方法・手順のばらつきが，治療の効果を比べる上での大きな問題点であることをオヘアは述べている。もちろん，治療を受ける子どもの症状や置かれた状況によっても，治療法は異なるだろう。

もっとも，一人ひとりの子どもの症状や状況が異なるからこそ，その子に最適の治療を行おうとすれば，ある意味「オーダーメイド」の，その子の症状に合った方法で，動物を用いての治療を行うことが必要であることも確かだ。安全で効果のある治療の模索は今後も不可欠となる。

④ 病院や施設での生活の質を上げるために

■ 4-1 施設や病院への訪問

動物の介在による効果が期待できるのは，病気の治療だけではない。

入院しているひと，施設に入居しているひとたちにとっては，そこでの生活の質も重要だ。少しでも楽しく生き生きとした生活が送られるよう，病院も施設も心を砕いている。このような中で，生活の質を高めることを目的とした家庭動物の病院や施設への訪問活動，いわゆる動物介在活動（Animal Assisted Activity: AAA）が，世界各地で，そして日本でも行われている。

犬や猫をはじめとした家庭動物が，動物の飼い主であり動物を扱

うハンドラーとともに病院，施設を訪れる。動物とふれあうことにより，患者や入居者が癒され元気になり，患者や入居者同士の会話が生まれ，心に良い影響を与えることが実証されている。

たとえばコンガブルら (Kongable et al., 1989) は，動物といることで，認知症の老人の社会性が高まることを明らかにしている。コンガブルらは老人ホームでケアを受けているアルツハイマー患者12人に対して，初めは週1回の犬の訪問，そして2週間後には訪問していた犬を施設内に住まわせるようにして，犬がいることで患者と他のひととの交流にどのような変化が起こるかを検証した。この結果，犬が訪問した際も，ともに暮らすようになったのちも，訪問が行われる以前に比べて，他のひとにほほえんだり笑ったり，触れたりするなどの社会的行動を促進する結果がみられた。

興味深いことに，犬が訪問をしていた時と施設内に住むようになってからとでは，微笑みかけたりもたれかかったりなどの他のひととの交流の頻度に差はみられなかった。つまり，動物を飼わなくとも，週に1度くらいの頻度でも動物と接することで，動物と暮らすのと同じくらいの効果を持つようだ。動物を飼うための予算とマンパワーの必要性を考えると，これは多くの施設にとって福音ではないだろうか。

家庭で飼うことに比べて，訪問プログラムが特に目覚ましい効果を生むというわけではないかもしれない。しかし，病院や施設で暮らすひとたちにとって動物の訪問は，動物がいることの喜びに加えて，他のひととのつながり——社会性を高める手立てにもなりえるのだ。

4-2 入院している子どもへの動物の訪問

動物が心の慰めとなるのは，お年寄りばかりではない。家族から離れ，病院に長期入院している子どもにとっても，ストレスを下げ孤独を癒す存在である動物と過ごすことは，慰めとなり楽しみともなり，生活の質を向上させるのではないだろうか。

つらい治療に耐え，不安と闘う入院中の子どもたちにとって，家族や医師，看護師たちの支えとともに，「遊び」は生活の質や心の健康を保つ上で，重要な役割を果たす。そして，入院生活での「遊び」に動物を取り入れることが，レビンソン博士の研究以降提案され，さまざまな動物の慰問プログラムが開発されてきた。

ただ，「動物を連れて行くことで喜んでもらえた。子どもたちは生き生きとしていた」などの実践報告は多くても，入院児の生活の質の向上への動物の慰問の効果について，科学的に検証されることがあまりなかった。

しかし，これは重要なことだ。わざわざ動物を病院に入れなくとも，多くの小児病棟に併設されているプレイルームで十分，ストレスの発散ができるのではないか。動物を病院に連れ込むことに伴うリスクや費用に見合う効果が本当にあるのか，検証されなければいけない。

一つの研究が，その問いに答えてくれている。

カミンスキら (Kaminski et al., 2002) の研究では，血液・腫瘍系の疾患，糖尿病などの慢性病や外傷で長期入院中の5歳以上の入院児（平均年齢9.86歳）70人のうち，40人にプレイルームでの遊び，30人には週1回，慰問に来た犬との遊びに参加してもらい，遊んでいる時に感じた感情を子どもたち自身に評定してもらった。また，保護者には子どもが遊んでいる時に現れていた表情を評定してもらい，併せてビデオ撮りした子どもたちの表情を研究者が解析した。

その結果，子どもたちの報告では，プレイルームで遊んだ子どもも犬と遊んだ子どもも，遊んだ後の「楽しい」や「悲しい」，「不安」などの感情に違いはなかった。しかし，保護者の評定を解析した結果，「プレイルーム組」も「犬との遊び組」も，遊ぶ前より遊んだ後の方が楽しそうな様子が増したこと，また「プレイルーム組」よりも「犬との遊び組」のほうが，楽しそうな様子が増したことが明らかになった。

さらに，ビデオテープを解析した結果，「犬との遊び組」のほう

が「プレイルーム組」よりも「楽しそうな表情」や「犬や他のひとに触れること」が多かったこと，感情を表すことが多かったことが報告されている。

　保護者や研究者からの客観的な評価も含めて，カミンスキらの研究からは，ストレスの多い入院児たちの生活にとって，いかに「遊び」が重要なものであることを示している。「プレイルーム組」も「犬との遊び組」も，病気についての話や家に帰りたいとの願望が，遊ぶ前に比べて遊んだ後の方が少なかった。自分を取り巻く状況は変わらないけれど，「遊び」はその現実を忘れさせて精神の健康を保させてくれる，子どもたちにとって欠かすことのできないものなのだろう。そして遊びの中に動物が加わることは，「普段の遊び」では体験できない喜びを与え，入院生活を楽しくさせてくれるようだ。

　犬がいいのか猫がいいのか他の動物がいいのか。どの程度の頻度での慰問がいいのか，住まわせる方がいいのか。動物以外の催しや企画では同じような効果は得られないのか……。入院児の生活の質を上げるのに，なにが最も手軽で効果があるのか，これからも模索していくことが大事だ。そして，動物の慰問もその選択肢の一つとして含まれうることをカミンスキらの研究は示している。

⑤ 動物は「万能薬」か

　さまざまな実証を見る限り，動物を飼うことと心身の健康との間には，一定の関係があるようだ。ただ，同時にいえるのは，「動物を飼えばすべてが解決」というわけでもない，ということだ。

■ 5-1　動物さえいればいいのか

　たとえば，重篤な心疾患における1年生存率では，病気の重篤さ，年齢とともに，怒りっぽさや居住地域など六つの心理的・社会的な要因が，重篤な心疾患の生と死を分ける（Friedman et al., 1980）。動物を飼うことは，その六つの心理的・社会的な要因の一つにすぎない

のだ。どれほど病気が重篤であっても、動物さえ飼えばたちどころに死の淵から生還、ということではない。動物を飼いさえすれば、怒りっぽくともストレスの高い生活を送っても病状の悪化に問題なし、ということでもない。ドラキュラに対する十字架、鬼に対する節分の豆のように、動物さえ飼えば病気が治る、不摂生をしてもカバーしてくれる、といった「万能薬」ではないのだ。

むしろ動物と暮らすことの効果は、健康でいるための日々のちょっとした努力——たとえば身体に良い食事、運動、規則正しい生活、十分な睡眠などと同じなのかもしれない。

小さいけれど、確実にある。そんな効果を動物との暮らしはもたらすようだ。

5-2 万人に「効く」のか

また、一つの研究の知見が誰にでもあてはまる、というわけでもないようだ。

動物を心理的治療に用いることの創始者であったレビンソンは、「安易に障害児にペットを与えてしまうことは、慎重に計画された治療的な介入動物を参加させることとは異なり、かえって害かも知れない」と述べており (レビンソン, 2002)、動物を介在させての治療がどの子どもにも適用できるとも、決して考えていないようであった。施設への動物の訪問においても、一つの施設で動物を伴っての訪問が良い効果を上げたとしても、すべての施設でそれが有効であるかは定かでない。動物の介在が治療に訪れたひとに直接効くのではなく、治療環境 (セラピスト, 医師, 職員) に良い影響を与えて、結果的に治療効果のアップにつながっている可能性もある。

あるいは、動物を飼っていることについても、ひょっとすると「動物を飼う」という行為の背後にある「なにか」——たとえば動物好きに共通するパーソナリティ、あるいは、「動物を飼うことができる」家庭の状況や家族との関係が、本当の原因かもしれない。

なぜそのひとに効いたのか。要因をきちんと考察する必要がある。

6 なぜ「効く」のか

 とはいえ，多くの実証研究からは，「動物は効く」ことが確かなようだ。しかし，どうして動物を飼うことが生存率や健康状態の向上と関係するのか，動物が「なぜ」効くのかということについては，さまざまなメカニズムの可能性が考えられているものの，まだ定かではない。動物を飼うこと，動物がいること自体が疾病や健康の改善に影響を持つのだろうか。それとも，なにかほかの要因があるのだろうか。

■ 6-1 飽きない生活，規則正しい生活

 フリードマンらは，なぜ動物が効くのか，以下のいくつかの要因を考察している (Friedman et al., 1980)。一つには，動物が引き起こす「飽きない生活」に要因がありそうだ。色々なことが起こる変化に富んだ生活を送ることは長寿の秘訣の一つ (Libow, 1963) だが，動物と暮らすことにより，まさにそのような「飽きない」生活が送れるからではないか。動物が，毎日の単調な生活に彩りとハプニングを与えてくれる。猫はパソコンや新聞の上に座って邪魔をする。犬もお気に入りの靴を隠したり，カバンを噛んで壊す。でも，家に帰った時に「淋しかったよ」と言わんばかりに出迎えてくれたり，食事の後の満足そうな様子を見ると心が温まる。そのような起伏のある生活がよい気晴らしとなり，心身に良い影響を与えるのかもしれない。

 あるいは，動物との規則正しい生活も一つの要因ではないか。
 毎日決まった時間に食事を与え，猫のトイレの砂を整え，犬を散歩に連れて行く。「健康的な生活」は常に楽しいことばかりではない。気落ちして布団の中にもぐっていたい時も，忙しくて自分の夕飯を作る余裕さえない時も，動物のご飯は用意してあげなければいけない。「命に休日はない」からだ。しかし，動物とともにいやおうなしに規則正しい生活をせざるを得ないのも事実だ。動物の世話を

することがよい気分転換となって，思い詰めていた気持ちがふとほぐれたり，仕事上のよいアイデアが浮かぶこともある。特に一人で暮らすひとにとって，動物の世話をすることが生活のペースメーカーとなり，心身の健康の維持も図ることができるようだ。

⑦ 愛着の効果

■ 7-1　絆があること

そして，「動物との愛着」がやはり，動物が効くことの一番大きな要因ではないか。

私たちは，「動物がいること」と「動物に愛着を感じること」を同じと考えがちだ。でも，たとえば犬好きでも，犬がいさえすれば愛着をすぐに感じるわけではないこと，そして愛着のある動物との関係がもたらす生理的な効果について示した研究結果がある。

バウンら (Baun et al., 1984) は24人の犬の飼い主に対し，①自分の飼っている犬を撫でる，②面識のない犬 (調査者の犬) を撫でる，③静かに読書する，の3パターンの行動をそれぞれ9分間行ってもらい，それぞれの場合での血圧や心拍数，呼吸数の変化を調べた。すると実験の結果，強い絆を持つ自分の飼い犬を撫でた時のみ，面識のない犬を撫でたり静かに読書していた場合よりも，最高血圧，最低血圧とも下がったことが明らかになった。

どの参加者も犬好きなのだが，他の犬では癒されないのだ。自分の愛犬でないとだめなのだ。飼い主たちが自分の犬と，強い，あるいはとても強い愛着で結ばれていることは，実験前に調査されている。愛着がある動物とのふれあいこそが，ひとをリラックスさせる効果を持つことをこの実験は示している。

もう少し実験の経過を詳細に見てみると，自分の飼い犬が実験室に連れてこられた瞬間に，飼い主の血圧はパッと上がる (バウンらはこれを飼い主の「ごあいさつ反応 (greeting response)」と呼んでいる)。そしてそののち血圧は，静かに読書する場合と同じ割合で下がり，鎮静化

していくのだ。

この実験から分かることは，ひとは，絆のある動物に出会うと無条件に喜びを感じ，そして一緒にいるうちに安らいでくる，ということだ。この現象は，「うちの子」のお出迎えを喜び，撫でたり抱いたり話しかけたりすることで癒される私たちの日常と，とてもよく似てはいないだろうか。

ごく普通に見受けられる動物との絆が，血圧などの生理的変化，そして心の安定を引き起こす効果があることをこの研究結果は示している。

7-2 「絆があること」と孤独

そして，この動物との愛着の絆は時として，親友が与えてくれる絆にも劣らない力——ソーシャルサポートを私たちに与えてくれるようだ。

「配偶者の死」は，考えたくもないようなつらい経験の一つだ。そのような人生の深い孤独に陥った時，親しい友人の支えは心強い。しかし，もし友だちのソーシャルサポートが望めず，ひとりで立ち向かわなければならないとしたら……。

ガリティら (Garrity et al., 1989) は，65歳以上のひと1,232人に対して，配偶者の死に際して，「親友の有無」や「動物を飼っていること」と，心身の健康との関係を調査した。この調査の参加者の約3分の1が動物を飼っており，その85％は犬または猫だった。そして，この1年の間に配偶者を失うという経験をしたひとは683人だった。この683人のうちの動物を飼っていた222人に対して，動物との愛着の強さが，親友がいないこと，抑うつにどのように関係するか，検証した。

その結果，親友が3人以上いる場合には，動物との愛着の強さは，抑うつに影響を与えていなかった。親友が何人かいるならば，動物との愛着はそれほど大きなサポートとはならないのだ。

しかし，親友が少ない場合には，愛着のある動物がいることが，

親友にかわるサポートを提供していることが明らかとなった。親友が 0-2 人の場合，動物との愛着が強いひとは弱いひとに比べて，抑うつの度合いが低かったのだ。

配偶者との死別からくる孤独やストレスを癒してくれるのは，親しいひとの存在であることは間違いない。しかし，その是非はともかくとして，親友が身近にいない場合，動物との絆は，親友に代わるサポートを与えてくれるようだ。

■ 7-3 「絆があること」の効果

愛着の強さが心の健康に影響する例は，配偶者との死別のような特別な場合だけではない。Chapter 1 でみた，「暗算をする際に同性の友達がそばにいる時とを比較したアレンらの実験」(Allen et al. 1991) においても，動物との愛着が日常のストレスの軽減に関係していることが，細やかな聞き取り調査により明らかにされている。

アレンらの実験に参加した女性たちは，非常に自分の犬を愛していたことが記録されている。彼女たちの多くは夫や恋人，友だちや子どもたちがいたが，彼女たちは自分の飼い犬を「特別なもの」で，「ほかのひととは違う」存在ととらえており，参加したすべての女性が子どものころから犬を飼っていた。特に，離婚経験のある飼い主たちは自由記述でこうコメントしている。

> 「夫は去っていくかもしれない。子どもたちは大きくなって家を出るかもしれない。でも，犬は永遠なの。動物は絶対に私への愛を出し惜しみすることはないし，怒って私から去っていくことも絶対にない。新しい飼い主が欲しくなって家を出ていくこともないの」

■ 7-4 ひとの輪：ソーシャルサポート

このような動物への愛着はまた，動物を介しての「ひとの輪の広がり」により，心身の健康に良い影響を与えるようだ。

動物と一緒にいることにより得られるひとの輪の広がりは、Chapter 1でも述べたように、動物に愛着を感じる要素の一つだ。毎日の犬の散歩で友だちができる。犬や猫を飼っているご近所と仲良くなる。ツィッターやフェイスブックなどのSNSを通して猫仲間、犬仲間ができる……。そして、動物を介してのひとの輪の広がりからソーシャルサポートを得られることは、研究の成果をまたずとも、私たちが良く知っていることだ。

ひとの輪を広げる力を持つのは犬や猫だけではない。ウサギやカメなどの小動物を連れて公園に座っていた場合でも、あらゆる年齢層のひとが近づいて、話しかけ始めるきっかけになることが発見されている（Hunt et al., 1992）。その他にも、動物といる時のほうが、人々は障碍者に対してより友好的であること（Hart et al., 1987）、動物といるほうが、そのひとの性格を良くとらえる（Lockwood, 1983）などの報告がある。動物といるほうが、ソーシャルサポートが得られやすいようなのだ。

この、動物への愛着とソーシャルサポート、心の健康の関係を示唆するのがバージニアコモンウェルス大学のフランシスら（Francis et al., 1985）の研究だ。この研究では、子犬が6匹、ハンドラーに伴われて老人ホームを訪れて、毎週水曜に3時間程度、8週間にわたって、老人たち21人に抱かれたり遊ぶ様子を眺めてもらったりした。老人たちと子犬との間に愛着が築かれていった様子は、子犬の訪問の時刻になるとほとんどの老人たちが自分の部屋から出て子犬の訪問を待っていた様子、居住者たちが往々にして子犬を離したがらず、他のひとにも抱かせてあげるように促されていた様子からも見て取れる。また、同じホームの他の居住者19人に対しては、実験者による訪問のみが行われた。

その結果（表2-5）、子犬と接した高齢者たちは、子犬の訪問が始まる前に比べて社交性が増し、自分の周りのひとに話しかけたり、ゲームや読書、会話を楽しんだり、他の入居者と親しくなったり、入居者を助けたりすることが増えた。また、生活への満足感や主観的

表 2-5 子犬／実験者の訪問前と 3 か月の訪問期間の後の比較 (Francis et al.(1985) より作成)

	実験前の値と実験後の値に差があったか（p < .05）					
	他者との交流	社会的興味	精神機能	生活への満足感	主観的幸福感	抑うつ
子犬の訪問	○	○	○	○	○	○
実験者の訪問	×	×	×	○	×	×

注）社会的興味：ひとに話しかけたりするなどの，周りへの興味
　精神機能：会話やゲーム，読書，他のひとを援助したり，友だちを持つことに関する能力

幸福感が高まり，抑うつが改善されていた。実験者の訪問を受けた群は，生活への満足が高まったのみで，他の居住者との社会的な交流や社交性に意味のある変化は見られなかった。

各変数同士は同時点で測定されているために，ここで因果関係を述べることはできない。しかし，いずれの変化も子犬が訪問するようになって以降に起きたことを考えると，動物と愛着を結び，動物を介して居住者間の交流が増えたこと，他のひとに興味を持つようになり，また実際に会話をしたりゲームをしたり，他のひとを援助することが増えたこと，それによって幸福感が増して抑うつの度合いが低下したことが，可能性としては十分に考えられる。

老人ホームでうつ病の入居者を対象とした他の研究でも，同様の結果が得られている (Brickel, 1984)。動物を伴っての心理療法士による治療でも，抑うつを軽減する効果が報告された。これをさらに詳しく調べていくと，共用スペースに犬と一緒にいた場合，犬と一緒にいなかった場合に比べて，他の居住者との交流が 2 倍になっていた。つまり，犬がいることにより，他の居住者とのふれあいが増加し，抑うつの回復を助けた可能性がある。

動物に愛着を感じる。動物に愛着を感じるひとたちの間につながりができる。この，動物が橋渡し役となってのソーシャルサポートも，「動物が心身の健康に効く」理由の一つであるようだ。

■ 7-5 オキシトシンと愛着

なぜ動物が効くのか。

その答えは一つではない。しかしその中で,「絆があること」は間違いなく, 動物が効くことを左右する大きな要因であるようだ。ガリティの研究で, 配偶者をなくしたひとたちにとって愛着のある動物が孤独を防ぐかけがえのない存在であったように, 動物と暮らすこと, そして動物との絆を持つことは確かに, ひとの心と身体を支えるようだ。

そして, 私たちと動物の間に愛着が存在すること, 愛着の心身への効果は, 生理科学の分野からも証明されつつある。麻布大学の永沢ら (Nagasawa et al., 2015) は, 犬とその飼い主に 30 分ほどふれあってもらい, ふれあいの前と後の尿中のオキシトシンの変化を比べた。その結果, 犬との見つめ合いの時間が長い場合, 飼い主も, 犬も, 尿中のオキシトシンが増加していた。見つめ合いの時間が少なかった飼い主と犬においては, 尿中のオキシトシンの増加はみられなかった。

オキシトシンは「愛情ホルモン」とも呼ばれる。乳児と母親, 恋人同士が見つめ合う時, ひとの脳からはオキシトシンが分泌される。このオキシトシンは愛情を高めるだけでなく, 不安の軽減, ストレスホルモンの低下, 心拍数や血圧の低下などの効果を持つとされる。このような, 愛着を抱きあうひと同士の間で分泌されるオキシトシンが, 愛犬と見つめ合う飼い主, 飼い主と見つめ合う愛犬においても, 分泌が確認されたのだ。この, 飼い主と犬がふれあう時に分泌されたオキシトシンが, 不安やストレスの低下, 心拍数や血圧の低下などのいわゆる「やすらぎ」を引き起こしていたと考えることができる。

ひととの交流において「絆」が大事であることは論をまたない。私たちが心安らぐのは, 愛し合っている伴侶や気のおけない友だちなど, 絆があるひとたちとのひとときだ。相手を好いて, 信頼を寄せることで初めて, その関係も心地よいものになる。

動物との関係だってそうなのだ。動物が「効く」ことには，この，私たちと動物との関係が関わっている可能性は高い。

結局，ひととの関係も動物との関係も変わらない。

絆があること。

それが大事なのだ。

Chapter 2 のまとめ

Chapter 2 では，動物と暮らすことはひとの心身の健康に「効く」のか，なぜ効くのかについて考えた。

身体・心に効く

重篤な心臓血管系の疾病の場合，1 年生存率に最も関係するのは病気の重篤さだが，動物と暮らしていることも生存率の引き下げに，決して小さくない効果を持つ。また，血圧の低下や日々の健康，ストレス対処等の精神面での健康においても，動物を飼うことの効果が報告されている。

病気の治療，生活の質の向上

病院において治療の効果を上げるために，また病院や施設での生活の質を向上させるために，動物が用いられている。この動物を介在させる活動は，レビンソン博士が愛犬ジングルスを用いた治療を行って以来，その効果が科学的にも実証されている。

愛着の効果

しかし，ただ動物がいることではなく，ひとと動物の間に「愛着の絆」が存在していることが，動物が「効く」にあたっての大きな要因であることが，様々な研究から確かめられている。そして，ひとと動物の間に愛着が存在すること，そしてその心身への効果は，生理科学の分野からも証明されつつある。

【引用・参考文献】

中村満紀男・岡 典子 (2013). 入所型施設の完結としてのてんかん者施設の歴史的研究—アメリカ合衆国てんかん者施設史研究序説 福山市立大学教育学部研究紀要, **1**, 68-78.

フォーサイス, D. R.・エリオット, T. R.／友田貴子 [訳] (1999). 集団はメンタルヘルスにどんな影響を与えるか—グループ・ダイナミックスと心理的幸福 コワルスキ, R. M. R.・リアリー, M. R. [編]／安藤清志・丹野義彦 [訳] (2001). 臨床社会心理学の進歩—実りあるインターフェイスをめざして 北大路書房, pp.397-422.

ベック, A.・キャッチャー, A.／横山章光 [監修] カバナーやよい [訳] (2002). あなたがペットと生きる理由—人と動物の共生の科学 ペットライフ社

矢野勝治 (2010). 森田療法における動物飼育の意義 精神経誌, **112**, 581-584.

レビンソン, B. M.／マロン, G. P. [改訂]／川原隆造 [監修]／松田和義・東 豊 [監訳] (2002). 子どものためのアニマルセラピー 日本評論社

Allen, K. M., Blascovich, J., Tomaka, J., & Kelsey, R. M. (1991). Presence of human friends and pet dogs as moderators of autonomic responses to stress in women. *Journal of Personality and Social Psychology*, **61**, 582-589.

Anderson, W. P., Reid, C. M., & Jennings, G. L. (1992). Pet ownership and risk factors for cardiovascular disease. *The Medical Journal of Australia*, **157**, 298-301.

Baun, M. M., Bergstrom, N., Langston, N. F., & Thoma, L. (1984). Physiological effects of human/companion animal bondinb. *Nursing Research*, **33**, 126-129.

Brickel, C. M. (1984). Depression in the nursing home: A pilot study using pet-facilitated psychotherapy. In R. K. Anderson, B. L. Hart, & L. A. Hart (Eds.). *The pet connection: Its influence on our health and quality of life*. Minneapolis, MN: Center to Study Human Animal Relationships and Environments, University of Minnesota, pp.407-415.

Francis, G., Turner, J., & Johnson, S. B. (1985). Domestic animal visitation as therapy with adulthome residents. *International Journal of Nursing Studies*, **22**, 201-206.

Friedmann, E., Katcher, A. H. Lynch, J. J., & Thomas, S. A. (1980). Animal companions and one-year survival of patients after discharge from a coronary care unit. *Public Health Reports*, **95**, 307-312.

Garrity, T. F., Sallones, L., Marx, M. B., & Johnson, T. P. (1989). Pet ownership and attachment as supportive factors in the health of the elderly. *Anthrozoos*, **3**, 35-44.

Hart, L. A., Hart, B. L., Hunt, S. J., & Bergin, B. (1987). *Anthorozoos*, **1**, 41-44.

Hunt, S. J., Hart, L. A., & Gomulkiewicz, R. (1992). Role of Small Animals in Social Interactions between Strangers. *Journal of Social Psychology*, **132**, 245-256.

Kaminski, M., Pellino, T., & Wish, J. (2002). Play and pets: The physical and emotional impact of child-life and pet therapy on hospitalized children. *Children's Health Care*, **32**, 321-335.

Kongable, L. G., Buckwalter, K. C., & Stolley, J. M. (1989). The effects of pet therapy on the social behavior of institutionalized Alzheimer's clients. *Archives of Psyciatric Nursing*, **3**, 191-198.

Libow, L. S. (1963). Medical investigation of the process of aging. In J. E. Biren, M. R. Yarrow, & S. W. Greenhouse (Eds.), *Human Aging.* (pp. 37-56). WA: U.S. Government Printing Office.

Lockwood, R. (1983). The influence of animals on social perception. In A. H. Katcher, & A. M. Beck (Eds.). *New perspective on our lives with animal companions.* Philadelphia, PA: University of Pennsylvania Press, pp.64-71.

Nagasawa, M., Mitsui, S., En, S., Ohtani, N., Ohta, M., Sakuma, Y., Onaka, T., Mogi, K., & Kikusui, T. (2015). Oxytocin-gaze positive loop and the coevolution of human-dog bonds. *Science*, **348**, 333-336.

O'Haire, M. E. (2013). Animal-assinted intervention for autism spectrum disorder: A systematic literature review. *Journal of Autism and Developmental Disorder*, **43**, 1606-1622.

Ross, C. E. (1995). Reconceptualizing marital status as a continuum of social attachment. *Journal of Marriage and Family*, **57**, 129-140.

Serpell, J. (1991). Beneficial effects of pet ownership on some aspects of human health and behavior. *Journal of the Royal Society of Medicine*, **84**, 717-720.

Siegel, J. M. (1990). Stressful life events and use of physician services among the elderly: The moderating role of pet ownership. *Journal of Personality and Social Psychology*, **58**, 1081-1086.

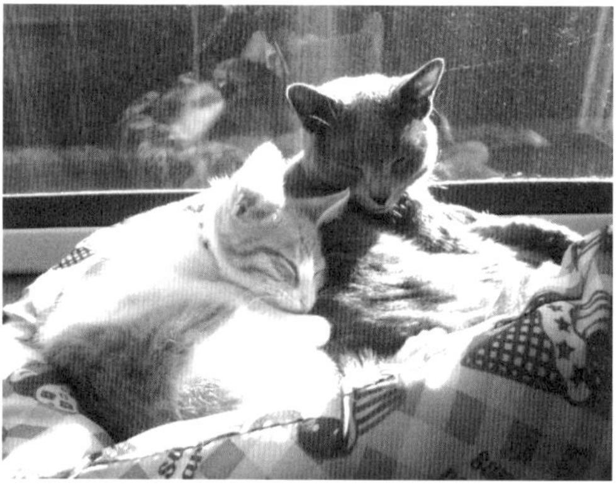

Chapter 3

「絆」のゆらぎ
ペットロス，先立つ不幸，問題行動

① 動物との別れ：ペットロス

　私たちと動物は絆を結びあう。しかしどんなに絆が強くとも，家庭で飼っている動物の寿命は私たちよりはるかに短い[1]。そこには動物を失う，という形での別れが必ずある。

　かけがえのないひとやもの，慣れ親しんできた環境を失くしてしまう体験を「対象喪失」という (小此木, 1979)。特に，死別によって愛するひとや家族をなくす体験は，深い悲しみ (Grief) を引き起こす。一緒に暮らしてきた動物を失う「ペットロス」も，この対象喪失の一つだ。

　動物との別れの悲しみは私たちの心にどのような影響を与えるのだろうか。悲しみはどのように癒されていくのだろうか。

■ 1-1 動物の死とストレス

　人生におけるさまざまなできごとがどれくらい大きなストレスとなるか，そしてそのできごとと疾患との関係を検討したホルムズとラーの研究がある (Holmes & Rahe, 1967)。この研究では，5,000人以上の成人男女への調査で，夫・妻の死によって受けるストレスを最大の100とした上で，たとえば，けがや病気，解雇や離婚などがどれくらいのストレスとなるか，社会再適応評価尺度の中で示している。その中で，家族や親しいひととの死別にまつわるものを見てみると，

---

1) たとえば犬の平均寿命は13-15歳，猫は13-16歳くらいであるとされる (日本ペットフード協会, 2014)。

肉親の死は63，家族の病気は44，親友の死は37，子どもが家を出ることは29とされている。

では，飼っている動物の死はどれくらいのストレスだろうか。ホルムズとラーの社会再適応評価尺度の中に，「動物の死」は項目として加えられてはいない。しかし，ミネソタ大学における，飼っていた動物を3年以内になくした242組の夫婦への調査では，妻も夫も，動物の死は家族や親友の死ほどはストレスが高くないものの，他の親族の死，あるいは親友との別離よりもストレス度が高いことを報告している。動物をなくした妻の40%，夫の28%が，動物の死をかなり，あるいは非常につらいものであったと報告している。また，妻の方が夫よりも，動物がなくなったことのストレス度を高く評価していた（Gage et al., 1991）。

一方，大村（2008）は動物の死を「自分の親の死よりも悲しい」と述懐している。動物をなくした状況などによっても異なるだろうが，いずれにしても，動物をなくすことが家族や親友をなくすことに準ずるほどに，私たちの心に強い衝撃を与えるようだ。

■ 1-2 愛する者を失うこと

このように，動物の死はストレス度が高く，私たちの心，身体，そして行動面でも不調を引き起こす。動物の死に際しては，思慕の情とともに往々にして，泣いたり，不眠，食欲不振，食べ過ぎ，胃の痛み，息苦しさ，疲労感，身体の痛みなど，さまざまな症状が現れる（鷲巣, 2008）。

しかし，たかがペットが死んだくらいで，というとらえ方をするひとはまだ多い。そして私たち飼い主自身でさえ「ペットが死んだくらいで」と，悲しみに暮れる自分を情けなく思い，早く立ち直らねば，と思ったりすることもある。それでも，動物の死に伴う悲しみは，時としてご飯ものどを通らない，普通に生活したり仕事に行ったりがつらい，夜も眠れないなど，家族をなくした時と変わらないほどの苦しさを生む。

なぜそれほどまでに悲しいのか。

大村（2008）は，飼い主と動物との別れを「逆縁」という言葉で表現する。逆縁とは，本来，親より後になくなるはずの子どもが親より先になくなることをいう。

家庭動物は，小さな子どもと同じように，私たちが世話をしてやらないと生きてはいけない。自分よりも後に生を受け，小さいころからかわいがり，食事などの世話をし，遊んでやり，具合を悪くすれば病院に連れて行き，喜びも悲しみも分かち合う。そのように慈しみ育ててきた動物がなくなるのは，ちょうどわが子をなくすのと同じ逆縁にあたるのではないか。だから，「たかが」と言えないくらいの悲嘆を私たちの心に引き起こすのではないだろうか。

■ 1-3 ペットロスはすべてのひとにとってつらいことか

しかし，誰もがペットロスに際してこのような心身の不調をきたすわけではない。ひとにより状況により，そのストレス度や悲しさは異なるようだ。ミネソタ大学での調査の続きを話すと，動物がなくなったことを夫と妻のどちらもが「かなり／非常につらかった」と評価した夫婦が41％だった一方で，どちらも「まったく／それほどつらくなかった」と評価した夫婦は21％だった。

つまり，動物の死に非常なストレスを感じたひとと，ほとんどつらいと感じなかったひとがいることになる。これは，どういうことだろうか。なぜ，動物の死に大変苦しむひととそれほどでもないひとがいるのだろうか。

その理由の一つとして，起こったできごとをどのようにとらえるか，つまり「認知的評価」の違いがある（Lazarus & Folkman, 1984）。まったく同一のできごとでも，そのできごとをどのように受け止めるか，ストレスに対処する資源を備えているかによって，どれほど深刻なストレスとなるかが異なってくる。たとえば，同じ親族の死でも，ほとんど会ったことのない身内がなくなった場合と，幼いころから一緒に暮らしてきて大好きだった身内がなくなった場合では，

悲しみの大きさはまったく違うだろう。

　動物の死も，それをどのようにとらえるかで引き起こされるストレス反応は異なってくる。まったくストレスとならないひともいる。たとえば，動物を捨てるなどの行為を繰り返すひとにとって，動物の死は「大したこと」ではなく，ストレスとはならないのだろう。

　もちろん，動物の死に際してショックや悲しみが希薄であることが「愛していなかった」ことを裏付けるものではない。動物の死があまりにも強いストレッサーである場合，急性ストレス反応を発症して感情が麻痺してしまうこともある。

　しかし，多くのひとにとって，動物の死は大きなショックだ。そして，どのような状況で動物の死が起こったかによっても，そのことに対するとらえ方（認知的評価）に異なりが生じて，ストレス度や悲しみの大きさに影響する。

■ 1-4　予測性，コミットメント，タイミング

　ストレスの大きさを左右する一つの要因が予測性だ。

　動物の死が突然であるか，ある程度予測できたかによって，飼い主が受けるストレスと悲しみは異なってくる（Lazarus & Folkman, 1984）。もちろん，病気などで長く患った末の死も悲しい。しかし，ある日突然の事故で動物を失った，あるいは，朝起きてなくなっていることに気が付いたなど，予測のつかなかったできごとの方が，ストレスははるかに大きい。

　また，そのひとが動物にどれほど深くかかわっていたか，つまりコミットメントの深さによっても，動物の死が与える衝撃に違いが出る（Lazarus & Folkman, 1984）。同じ家族でも，一番動物がなついていたひと，一番動物を世話していたひとと，朝晩に顔を合わせるだけだった家族とでは，悲しみの深さが違う可能性がある。コミットメントが深ければ深いほど，その関係性を失ったストレス，悲しみは大きい。

　動物をなくした時期，つまりタイミングも，悲しみの度合いを左

右する (Lazarus & Folkman, 1984)。たとえば，家族の規模が縮小し友人との関係も狭まってくる老年期には，動物の存在は大きくなる。一日のほとんどの時間をともに暮らし，世話している場合，その動物の死は大きな影響を与えることが考えられる。あるいは老年期でなくとも，周りのひととの関係よりも動物との関係に強くコミットしている場合，人生において他の対象喪失（他の家族の死や失業，住み慣れた土地からの転居など）が同時に起こっている場合は，いわゆる「悲しみに輪をかけた」形となり，ペットロスのインパクトも大きくなる可能性がある。

1-5 愛するひとの喪失，愛する動物の喪失：ペットロスと回復の過程

私たちは，愛するひとと絆を結び，会話を楽しみ，ともに泣き，笑い，ハグし，時と空間をともに過ごす。死は，そのような営みをある日突然断ち切る。私たちはポッカリと空いたその時間，共有した感情，存在の空白に戸惑い悲しむ。

動物の死も同じだ。なくなった状況はさまざまであるにしても，愛する動物との絆を死は断ち切る。

この愛する対象を失うこと，つまり「対象喪失」の悲しみは，単に「悲しい」という気持ちが一定の期間続くのではなく，さまざまな感情や思いが入り混じり，変化しながら，一定の段階を踏んで回復していくことが，研究から明らかにされている。

動物を失った時に経験するその過程は，愛するひとを失った時の回復の過程と共通する部分が多い。愛するひとをなくした時の悲しみと回復の過程では，ボウルビィのモデルがよく引用される（ボウルビィ, 1981）。動物をなくした時の悲しみの過程は，ローゼンバーグ (Rosenberg, 1984) を始めとして多くのモデルが提唱されているが，ここでは高柳・山崎（2005）のモデルを見てみよう。

表3-1を見ると，ひとの死への悲しみと動物の死への悲しみは，よく似た過程をたどって回復していくことが分かる。

表3-1 愛する対象との死別における悲しみと回復の過程

	ひととの死別 （ボウルビィ，1981）	動物との死別 高柳・山崎（2005）の要約
第1段階	**無感覚** 呆然とし，死の知らせを受け入れられない段階。	**否定** 大きな精神的ショックから逃げようとするために起こる自己防衛反応。直視せざるを得ない現実が続くと，ショックから逃げきれないことを悟り，次の段階に。
第2段階	**思慕と探求の段階：怒り** 失ったひとを探し求めて取り戻そうとする衝動を感じ，死の事実に疑惑を持つ。 喪失に対する責任，成果の得られない探求から，怒りを感じる段階。	**交渉** 動物が回復すること，生き返ることを望み，神さまや動物と交渉やお願いを行う段階。
第3段階	**混乱と絶望** なくなったひととの生活における思考や感情，行為を諦めなければならない。往々にして抑うつ状態が訪れる。	**怒り** とにかく誰かが悪い，誰かのせいでこんなことになったと思い込む。特に，自分に対する怒りは後悔となって残ることも。
第4段階	**再建** 自分の生活が再建されなければいけないことを認めて受け入れられるようになる。	**受容** ひとしきり怒った後に，「動物の死」という事実を理解できるようになる。理解し納得したことで，ようやく本当の深い悲しみが始まる。
第5段階		**解決** 立ち直りの段階。悲しみが薄れ，普通の生活に戻ることができ，動物との思い出を慈しむことができ，「もう一度，動物との暮らしを実現してみたい」と思える。

　留意したいのは，愛するひとや動物をなくした時に，すべてのひとがこの順番通りの過程を経るわけではないということだ。いくつかの過程を行きつ戻りつすることもある。一つの過程を過ぎるための時間もひとによって違う。また，これ以外の過程を経験することもある。

　悲しみからの回復を示したモデルは，上記以外にも多くある。ただ，このような悲しみと回復の過程のモデルから共通していえるこ

とは「愛するものをなくした悲しみが癒えるには、いくつかの段階を経るものなのだ。悲しみの気持ちが移り変わっていくそのさまは、多くのひとが辿るものであり、決して恥ずかしいことでもおかしなことでもない」ということだ。

それは、ひとをなくした場合も動物をなくした場合も同じだ。

1-6 ペットロスからの回復の過程

動物との死別における悲しみと回復の過程では、具体的にはどのようなことが起こるのか、高柳・山崎（2005）を中心に、もう少し詳しく見ていきたい。

否定 事故にあう。元気がないので動物病院に連れて行ったら思いもよらない診断を受ける……。動物の命がもう長くないと分かった時、あるいは突然の死に際して、私たちがまず経験するのが否定だ。動物との暮らしが終わってしまうことを信じたくない気持ち、まさかそんなことが起こるとは信じられない気持ちが、驚きとともに起きる。「まさか……」、「いやだ！」、「うそだ！ また元気になるよね！？」。私たちはそう自問自答する。

交渉 次に私たちが考えつくことは、神さまとの、あるいは動物との「取引」だ。「よい子になるから、神さま、キキを連れて行かないで」、「良くなったら、大好物のエビをたくさん食べさせてあげる。だからどうか、もう一度元気になって……」。

その願いがもはや非現実的であると分かっていても、回復してほしくて、元気になってほしくて、私たちは取引をせずにはいられない。

怒り どんなに祈っても、助かってほしいと願ってもその死が避けられそうにないと分かった時、私たちが感じるのは「怒り」だ。運命の理不尽さに対する、飼い主としての自分に対する、そして時には獣医師に怒りが向かうこともある。「なぜ、よりによってこの子がいま、死ななければいけないのか」、「こんなに愛しているのにこの子を奪うなんて……。神さま、ひどいよ！」、「もっと早くに気

がついていれば……」。

怒りが理不尽なのも分かっている。でも，怒りが湧いてくる。そして，自分や獣医師を責めてしまう場合，ペットロスの痛手は長引きがちだ。

受容　そしてやがて，いかに信じたくなくとも，「動物との別れ」という事実を受け入れざるをえなくなる段階がくる。ひとは，現状をなんとか変えられると認知的評価する間は怒りを感じる。そして，「もう現状は変えられない。どうしようもないのだ」とあきらめ，受け入れる時，悲しみが生じる。「なくなるのだ，なくなったのだ」という事実を受け入れた瞬間から，ひとは悲しみと向き合うことになる。

解決　悲しむだけ悲しんだのち，動物をなくした悲しみが薄らいでいき，心身ともに立ち直って動物のいない生活に適応できるようになる段階。

「普段の生活への復帰」の段階であり，「なくなった動物の居場所を自分の心の中に「思い出」という形で作ることができるようになり，再び動物と暮らすことについて，考えてみることができる」段階となる（鷲巣, 2008）。

回復までにかかる時間もひとによってさまざまだ。数日単位の比較的短期間で回復するひともいれば，数か月，場合によっては数年の長期にわたることもある。

ただ，動物をなくすことで，生活の多くの部分を失ってしまう場合，悲しみは長期化しやすい (McNicholas & Collis, 1997)。動物との縁で周囲のコミュニティとの付き合いを広げていた。生活の多くの時間を動物との時間に割いていた。動物がいるおかげで規則正しい生活を送れていた。動物のみがともに暮らす伴侶だった。あるいは，動物が故人や以前の環境を思い出すためのかけがえのない手立てだったのに，動物をなくすことにより，その思い出の「よすが」までもを失ってしまった……。このように，社会との絆や日常生活など，動

物の死に他の喪失までもが絡む場合,「複雑な悲しみ」となり,なかなか解決の段階に進めないこともある (Stewart, 1983)。このような場合には,専門医療による適切な治療も回復を助けてくれる。

1-7 悲嘆を超えて

　私たちが動物をなくした痛みから回復するということは,具体的にどういうことなのか。忘れる,ということか。気にかけなくなる,ということなのか。鷲巣 (2008) は,「なくなった動物の居場所を自分の心の中に「思い出」という形で作ることができるようになる (筆者要約)」と表現している。

　この「心の中の居場所」で動物がどのように「住んで」いるか,心理学的に検証した研究がある。

　1年以内に動物をなくした成人33名に対して調査を行ったパックマンら (Packman et al., 2011) によると,飼い主が感じる動物との「続く絆 (continuing bond)」とは,「つながりが続いている感覚」,「懐かしい思い出」,「またいつか会えるよねと思う」,「その動物が教えてくれた教訓」などであることを聞き取りから明らかにしている。この,「またいつか会えるよね」という思いは,悲しみからの回復の第1段階にみられるような動物の死を否定するような思いでなく,たとえば動物をなくしたひとたちの間に流布している「虹の橋 (天国のほんの少し手前にある楽園。なくなった動物たちはそこで幸せに暮らしながら飼い主たちが来るのを待っており,飼い主がなくなるとそこで再会し,一緒に天国へ入っていく)」や「あの世での再会」などを指しているのだろう。

　また,飼い主が「続く絆」を感じる時にはつらさよりも慰め・癒しを感じることの方が多いこと,それによって死別の悲しみや苦痛が低減され,悲しみを乗り越えた自分の成長を感じることができたことなどを報告している。

　この研究に参加したほとんどの飼い主は,死別の悲しみの最中ではなく,悲しみの過程の最終段階にいたことがうかがえる (死別後の期間の平均は5.64か月)。また,絆を感じて癒されることが死別の苦し

みを軽減するのか，死別の苦しみが治まったから絆を感じることで癒されるのか，はっきりしないところはある。

しかし少なくとも，なくなった動物との心の絆は，振り切る必要はない。その動物との思い出を胸の中にしまい込んで，しまい込んだ箱を明けないようにする必要もない。そして，その絆を悲しみに暮れるためではなく，自分を慰めるために使ってほしい。そうできる時期が必ず来るし，それはあなたの心の成長を助けてくれるはずだ。「心の中に居場所をつくる」とはそういうことなのだと，パックマンらの知見は教えてくれる。

母の友人は，猫が生きていた時と同じように，なくなった後も毎日，家の庭にある猫のお墓に毎日のできごとを報告し，愚痴をこぼすそうだ。それによって，気持ちが落ち着くのだそうだ。私も，コロノスケが逝ってしまってから20年以上経つけれど，ほんとうにつらいことがあると未だに「コロノスケェェ」とすがってしまう。コロノスケの懐かしい笑顔（！）を思い浮かべ，ひとしきり泣いて思いを打ち明けた後は，不思議と心が落ち着くのだ。

② 動物を飼えない：先立つ不幸

このように，愛着が強ければ強いほど，動物に先立たれる時の悲しみも深い。そして，動物との別れは，動物が死ぬ時だけではない。動物を残して先に逝ってしまうこと，残された動物が心配で，動物を飼うことを断念するひとも多い。

■ 2-1 年を重ねること，動物を飼えなくなること

「ペットに関する調査2009」（DIMSDRIVE, 2009）によると，現在動物を飼っていないひと6,813人に，今後動物を飼いたいかについて尋ねたところ，飼いたいひとの割合は40.4%，飼いたくないひとの割合は35.2%だった。

しかし，これを性別・年代別で見ると，男女とも60代以上の場合，

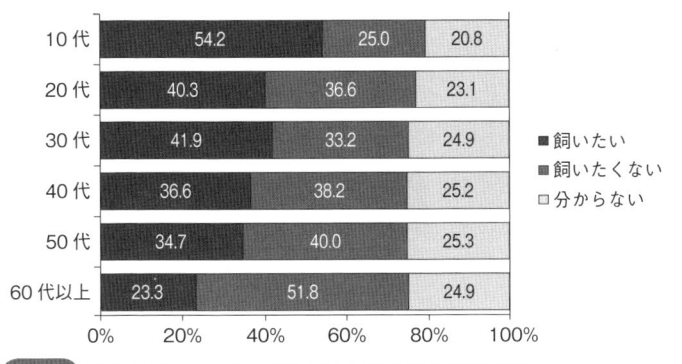

図 3-1 動物を飼っていない男性における今後の飼育希望
（DIMSDRIVE（2009）より作成）

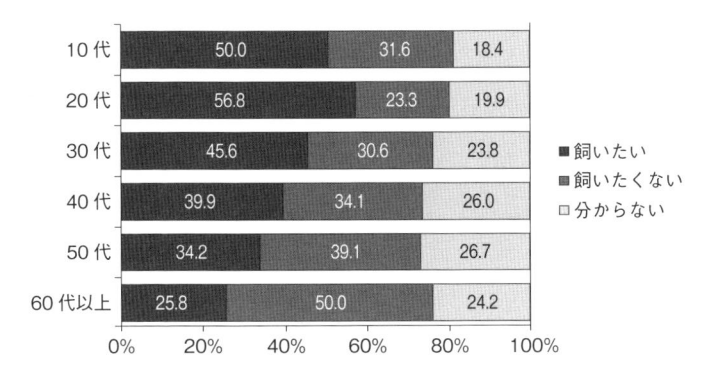

	飼いたい	飼いたくない	分からない
10代	54.2	25.0	20.8
20代	40.3	36.6	23.1
30代	41.9	33.2	24.9
40代	36.6	38.2	25.2
50代	34.7	40.0	25.3
60代以上	23.3	51.8	24.9

図 3-2 動物を飼っていない女性における今後の飼育希望
（DIMSDRIVE（2009）より作成）

	飼いたい	飼いたくない	分からない
10代	50.0	31.6	18.4
20代	56.8	23.3	19.9
30代	45.6	30.6	23.8
40代	39.9	34.1	26.0
50代	34.2	39.1	26.7
60代以上	25.8	50.0	24.2

他の年代に比べて，飼育希望がかなり低く，逆に飼いたくないとの回答が高いことが分かる（図3-1, 3-2）。

また，現在飼育していないが飼いたいと思っているひとに動物を飼うことを阻む要因を尋ねたところ，犬・猫とも同じような傾向がみられる（図3-3, 3-4）。若い世代（20代）に多い理由は，「集合住宅のため動物飼育が禁止されている」と「お金がかかるから」であり，この二つは，世代が上がるにつれて割合が減ってきている。

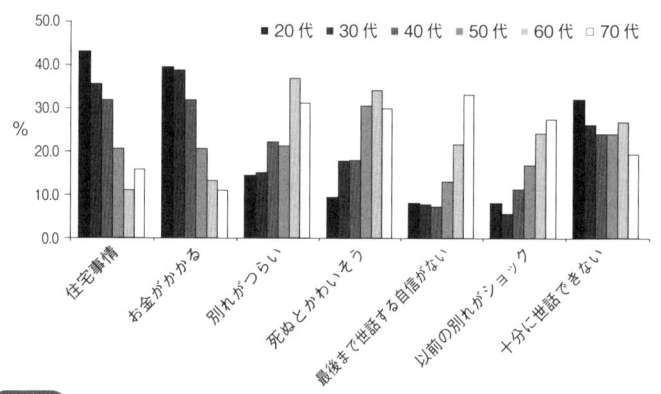

図 3-3 飼育の阻害要因：犬（現在飼っていない・今後飼いたいひと）
（日本ペットフード協会（2014）より作成）

 逆に，高齢者に多かった阻害要因は，「別れがつらいから」，「死ぬとかわいそうだから」，「以前にペットをなくしたショックが癒えていないから」，「最後まで世話する自信がないから」だった。この中の「別れがつらい」，「死ぬとかわいそう」，「以前にペットをなくしたショックが癒えない」は，どの世代にも共通する理由であるように思えるが，特に60代以上において割合が高くなっているのは，動物以外にも近親者をなくす機会が増えて，身の回りのひとや動物をなくしていくことに心が敏感になっているゆえだろうか。また「最後まで世話する自信がない」の陰には，動物の寿命より先に自分の寿命が尽きることへの懸念がうかがわれる。

 これら二つの調査からは，高齢になるにつれて，動物を飼うことが減ること，そしてその背景には，動物を看取ることのつらさ，逆に看取ることができないことへの不安があることがうかがえる。

 これは悲しいことだ。本来，高齢になればなるほど，健康面あるいは精神面での動物からの恩恵は大きくなるのは，これまでで見てきた通りだ。また生活面でも，子どもたちが巣立っていく中で，動物の存在が大きな支えとなる世代だ。世話をし，散歩に連れて行き，一緒に遊び，動物とともに暮らすことが生活のリズムを作り，張り

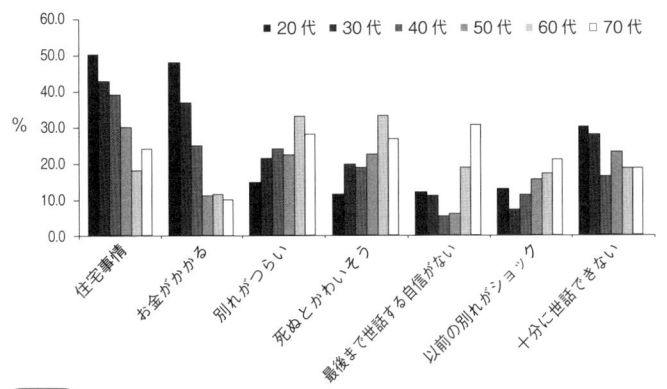

図 3-4 飼育の阻害要因：猫（現在飼っていない・今後飼いたいひと）
（日本ペットフード協会（2014）より作成）

を与えてくれる。最も動物を必要とするといえる世代が，実は最も動物を飼うことをためらっている世代でもあるのだ。

2-2 動物を飼い続けることへの支援

一方で，動物の世話をすること自体については，高齢者にとって飼うことを阻害する要因でないことが図 3-3, 3-4 からはうかがえる。自分の体力・体調に合った動物を飼いさえすれば，働き盛りの忙しい世代よりも，動物の世話にかける時間があるからなのだろう。

世話ができる状況にあり，世話をしたい気持ちがありながら飼うことをためらわざるをえない高齢者の現状に対し，高齢者が動物を飼うことを支える動きも，近年では出てきている。

たとえば，動物と里親とを仲介するあるシェルターでは，一定以上の年齢のひとが里親となる場合，あらかじめ「後見人」を定めて，里親に万一のことがあった場合でも，後見人が動物を相続し世話をすることを里親の条件として求めている。

あるいは，飼い主の寿命が尽きた場合でも動物が里子として暮らしていけるよう支援したり，誰からも愛されて環境になじんでいけるように動物のしつけを啓発する団体，予期せぬ入院や事故に際し

て，緊急の預け先が見つからない状況を避けることができるよう支援を行う団体もある。

高齢となった動物の介護を高齢者が行う老老介護も大きな問題だが，それをサポートする団体もある。

ただ単に「便利な」動物の一時預かりや引き取り手ではない。このような団体は，高齢者に起こりうる突然の入院などが不本意な飼育を放棄することにつながることを防ぐのを目的としているのだ。活動に共通する考えは，「動物の命を預かる飼い主の責任として，日頃から「もしも」の時に備えてほしい。その時になってからでは，遅い」ということだろう。

超高齢者化社会の訪れとともに，ひとり暮らしの高齢者人口もますます増えていくだろう。高齢者が動物と暮らすための支援の歴史はまだ浅く，日本全国いずれの地域においても支援を享受できるわけではない。高齢者が安心して動物と暮らせるような，良心的なサービスを提供する団体が，今後成長してきてほしい。

2-3 生と生がせめぎ合う時

そして，すべてのひとが動物との愛着を育む環境にいるわけではないことを思い知ったできごとも，いくつかある。縁あって，東日本大震災後の福島県，宮城県に何度かうかがって，復興のお手伝いをさせていただく機会があった。いまでも，心理学の立場からなにかお手伝いできることがないかと，東北地方にうかがうことが時折ある。そのような中で，「地域猫」の存在が被災地の方たちの安らぎや活力になるのではないかと考え，その可能性について，仮設住宅で暮らす方たちにお話をうかがったことがある。

しかし，仮設住宅のお母さんたちから返ってきたのは，意外な言葉だった。

「猫は害獣」。

彼女たちが口をそろえて言うには，「猫もお腹が空いているから，ひとの食べるものを取っていこうとする。私たちにとって，猫は害

獣。取られないよう注意してないと」。

　地域で猫を飼うなど，とんでもない，ということであった。

　これは，私にとっては衝撃的な言葉であった。癒しよりも活力よりも，まずは日々の生活なのだ。そのような状況で暮らす方たちの生活に思いをはせることなく，のんきに「地域ねこ構想」を描いていた私は，相当なお気楽者に彼女たちの目には映ったに違いない。

　災害の場に限ったことではない。理科教育における動物のあり方についての国際シンポジウムに出席した際にも，同じような経験をしたことがある。学校での飼育動物の世話が児童の心の成長に果たす役割について研究していた私は，発表を聞きに来てくださった東南アジアからの参加者に「おたくの学校でも鶏を飼っておられますか」と尋ねてみた。すると彼女は，とんでもないと言わんばかりに，「鶏は食べるもの。学校で飼育するゆとりなどありません」と答えてくださった。

　動物との愛着は，ともに暮らすことによって生まれる。しかし，その前提条件として，動物を飼う環境にゆとりがあってこそ，初めて成立する。そのことに改めて気づかされた東北への旅だった。

　日本や先進国で，愛玩動物を意味する「ペット」という言葉が広く使われ，そしてともに生きる伴侶として動物を認めて「コンパニオンアニマル」という言葉が使われだしてから，まだ30数年でしかない。しかし，そのコンパニオン・アニマルという言葉すら，人間が動物を伴侶と認めての言葉であり，「人間中心主義を表した言葉」として抵抗を示すひともいる。

　言葉の定義などは，本当はどうでも良いのだ。人類が太古の昔に狼の子を飼いだした時から，ひとと動物の間に愛着は存在する。しかし，どのような環境・条件の時に動物と暮らすことが幸せと感じるのか。たとえば，都市に住んでいるのか田舎に住んでいるのか，あるいは経済状態などで，同じように動物と暮らしていても得られる幸福感は異なる（Ory & Goldberg, 1984）。その関係は複雑だ。

③ 結べない「絆」：社会化の重要性

3-1 動物の問題行動

このように，愛着ゆえに私たちは動物と深く結びつき，愛情と恩恵をもらい，そしてまた，その深い愛着ゆえに，動物との別離に苦しみ，あるいは，愛する「わが子」を置いて先立つことを恐れて，動物との暮らしを断念する。

私たちと動物との絆はかくも強く，しかし，はかない。

ところで，家庭に迎え入れられる子犬，子猫は，そのすべてが飼い主と愛着の絆で結ばれるのだろうか。

飼い主に対して唸る，噛みつく。飼い主のいうことを聞かない，なつかない。ところ構わず粗相をする。家具や壁をボロボロにする。無駄吠え，夜中の落ち着きのない行動。来客や出会ったひとを威嚇し，子どもや他の動物を噛んで傷を負わせる……。家庭動物には，飼い主を悩ませる一連の問題行動が見受けられることは否めない（竹内, 2008；表3-2）。これらの困った性格・行動があまりに激しいと，残念ながら，動物たちは飼い主と愛着を育むことが難しく，家族や近隣のひとたちとのいさかいの素ともなる。飼いきれずに捨てられたり殺処分の対象にもなりかねない。また，動物が持つ病原体が人間に感染することによって起きる，狂犬病，猫ひっかき病，サルモネラ症などの人獣共通感染症にも注意が必要だ（砂原, 2013）。狂犬病は特に，犬にワクチンを打っておくことが欠かせない。

私たちはもちろん，自分の子どもにしつけをする。

自分の身の回りのことは自分でできるように，ひとに迷惑をかけないように，社会のルールを守れるように，自分の感情をコントロールして他のひととうまくやっていけるように……。社会で生きていくためのスキルを私たちは親を始めとする周りのひとたちから教えられ，身につける。

では，「家族の一員」である動物は誰がしつけるのか。だれが，他の動物や人間と，うまくやっていくためのルールやスキルを責任を

表3-2 犬・猫における問題行動 (竹内 (2008) より作成)

犬	
攻撃行動	優位性攻撃行動, 縄張り性攻撃行動, 恐怖性／不安性攻撃行動, 捕食性攻撃行動, 遊び攻撃行動, 同種間攻撃行動, 痛みによる攻撃行動, 突発性攻撃行動
恐怖・不安に関連	分離不安, 恐怖症, 不安気質
その他の問題行動	過剰咆哮, 破壊行動, 不適切な排泄, 関心を求める行動, 老齢性認知障害, 性行動過剰, 性行動欠如
猫	
不適切な排泄	スプレー行動, 不適切な排泄
攻撃行動	優位性攻撃行動, 縄張り性攻撃行動, 恐怖性／不安性攻撃行動, 捕食性攻撃行動, 遊び攻撃行動, 同種間攻撃行動, 痛みによる攻撃行動, 突発性攻撃行動, 愛撫誘発性攻撃行動
その他の問題行動	不適切な爪とぎ, 過食症, 拒食症, 分離不安, 恐怖症, 不安気質, 関心を求める行動, 老齢性認知障害, 性行動過剰, 性行動欠如

持って身に着けさせるのだろう。

問題行動は,動物の性格のせいだろうか。それとも,飼い主の側に問題があるのだろうか。問題行動を起こす動物と起こさない動物。その違いはどこから来るのだろうか。

3-2 社会化：種に慣れる，ひとに慣れる

迎え入れる動物が,家族に愛され,来客や周りのひとからもかわいがられ,ともに住む他の動物たちとも仲良くやっていけるためには,実は,子犬・子猫の時期の「社会化」がとても大きい影響を与えることが分かってきている。

Chapter 1でみたように,ひとの子どもには愛着の形成時期がある。

これと同じように,動物にも愛着を形成するための「社会化期」という大事な時期がある (McCune et al., 1997)。生まれてからたった数週間だが,その犬や猫などの性格や行動を決定づけてしまう。そん

な大事な時期が「社会化期」なのだ。

社会化とは,文字通り「社会に慣れる」ことである。その動物が暮らしていく世界（人間との暮らし）の中で出会う可能性のあるさまざまな刺激——人間や他の動物,ものごと,できごとなど——に慣らして,不安や恐怖から固まったり攻撃したりすることなく,また感情をコントロールできずに興奮して逆上することなく,柔軟に適切に対応する力を身に着けていくことだ。

社会化の時期は,犬の場合は生後3-4週から10-12週まで,猫の場合は2週から9週くらいとされるが,犬種・猫種や個体によっても異なる。社会化期は,警戒心・恐怖心とともに旺盛な好奇心を示す時期だ。この社会化期を過ぎると,見知らぬひとや場所,動物に対する警戒心が好奇心を上回ってしまうため,社会化期のうちにできるだけ,身の回りで出会うであろうさまざまな体験をさせておくことが重要だ。そして,「社会化が不十分であったことが,動物の問題行動の大きな原因」と考えられるようにもなってきている(McCune et al., 1997)。

3-3 犬の社会化

犬の社会化期は,種に慣れる前半とひととの暮らしに慣れていく後半とに分かれる (McCune et al., 1997)。

社会化期の前半は,母親や同腹のきょうだいと過ごし,じゃれ合ったりケンカすることを通して種特有のコミュニケーション方法や順位制の仕組みなどを学ぶ。また,社会化期の後半は,人間社会で暮らしていくためのさまざまなことを学ぶ大事な時期となる。犬の場合,特に6-8週目が最も感受性が高い「絶頂期」とされ,好奇心が警戒心や恐怖心を上回る。ひとへの社会化の最適期も,この6-8週目とされる。

6-8週目の絶頂期に,母犬やきょうだい以外の他の犬や動物,眼鏡をかけたひと,ひげを生やしたひと,老人,子どもなどの多種多様なひと,生活の中で出会うであろう自動車やバイクなどを経験し

て社会化を進めることは，犬の一生にとって大事なこととなる。不必要に恐ろしい思いをして，オドオドおびえながら一生を過ごす子になってほしくない。不安から攻撃を繰り返す子になってほしくない。つらく気の毒な事態を避けるために，社会化はとても大事だ。

■ 3-4 猫の社会化

猫の社会化は生後2週から9週くらいまでと，犬よりも早く社会化期が始まり，早く終わる。猫の場合もまず，母猫に世話してもらい，同腹のきょうだいたちと遊んだりケンカしたりして，同種としての社会化を学ぶことから始まる。そして，ひととの生活になじんで愛されて暮らすためには，さまざまなひと，さまざまな音や状況に慣れるための社会化が重要なのはいうまでもない（Turner, 1997）。

猫の場合は特に，母猫の下で社会化を進めることが大事なようだ。子猫は母猫がいると，見知らぬ状況にあまり脅威を感じることなく，新しいものに遭遇できたり，興味を抱いたりできることが報告されている（Turner, 1997）。猫のひとへの社会化は生後2週目から開始されるが（大村, 2008），その際には，まずは母猫に人間に対する警戒を解いてもらうことが，子猫がひとになじんでいく際に大事となる。

■ 3-5 社会化と愛着の育み

猫がニャーニャーと足元にまとわりつく。犬が期待を込めた目でこちらを見つめる。「犬や猫が人になつくのは，食べ物を得るのが目的」と考えるひとも多い。

しかし，そもそも，愛着の実験（Harlow, 1958）は動物であるアカゲザルの子どもを用いて行われたのではなかったか？「乳児が母と結びつくのは，空腹を満たすためではなくぬくもりや一緒にいる愛着のためである」との，ハーロウのアカゲザルの実験結果はそのまま，犬や猫などの社会化の過程にも当てはまる。

ブロドベック（Brodbeck, 1954）は，社会化期にある子犬たちの半分には自分で，半分には機械で餌を与え，給餌の時以外はどちらの群

の子犬とも同じように接した。その結果，ブロドベックからエサをもらった子犬たちももらわなかった子犬たちも，同等にブロドベックになついたことが報告されている。

　猫の場合も，エサを与えることは，最初になついてもらうのには役立つ。しかし，その後に関係を定着させていくためには，撫でること，ともに遊ぶこと，話しかけることなどが必要であることが報告されている (McCune et al., 1997)。

　犬や猫は，私たちが帰ってくるとうれしそうに出迎えてくれる。もちろん，お腹を空かせていることもあるが，それだけでは決してないようだ。ひとりでの留守をする淋しさから，私たちとの再会を喜び，絆を求めて喜んでいるのも事実なのだ。ひとも家庭動物も，ひとりでいることを楽しみながらも，同時に淋しくも思う。誰かとの関わりを喜ぶ，社会化された存在なのだ。

3-6 社会化につまずくとどうなる？

　では，社会化が不十分である場合，動物の行動や私たちとの関係には，どのように影響があるのだろうか。

　犬の場合，生後間もなく母犬や同腹のきょうだいと引き離されてしまった場合，他の犬に対して攻撃的になってしまう。仲間との関係をうまく築くことが下手なまま，大きくなってしまうのだ。また，ひととの社会化を進めていく8週以降でも，他の犬と接触する機会がない場合，人間に過度に依存するようになって，他の犬に対しては非社交的となってしまう可能性がある (Fox & Stelzner, 1967)。

　フリードマンら (Freedman et al., 1961) の実験によると，ひととの社会化が生後2–3週目だけに施された子犬は，あまりひとに対してなじまず，9週目以降に社会化された犬も，ひとを避ける傾向がみられた。また，生後14週間，まったくひとと接触がなく，母犬とともに過ごした子犬は，ひとに対してとても臆病になり，ひとに慣れることが難しいこと，その傾向は訓練によっても，なかなか改善されないことが報告されている。

また，社会化期の終わりまでに飼い主に引き渡され，飼い主のもとで社会化を行うことが，その後の飼い主や暮らしていく環境になじむのに重要だ (McCune et al., 1997)。社会化期をすぎて「若年期」になると，新しい刺激に対しては，好奇心より恐怖心の方が勝ってしまうからだ。

母親や同腹のきょうだいからの早期の別離についても，動物愛護管理法の 2013 年の改正により，生後 8 週齢（生後 56 日）に満たない犬・猫の販売・引き渡し・展示が禁止されるようになった（動物愛護法, 2014）。生後 8 週齢に満たずに母やきょうだいから引き離された場合，犬・猫として生きていくための必要な知識や行動が習得できない。しかし，社会化期を過ぎてしまっても，ひとに対して十分に社会化された場合は比較的移行がスムーズであるものの，新しい環境に慣れるのに時間を要する。

生後 2, 3 か月までにさまざまな経験をし，さまざまなひとや動物，できごとに会うことが，その犬や猫の一生を規定してしまう。三つ子の魂百まで，ということわざは動物にも当てはまるようだ。その動物が家族や周りのひとや仲間の動物から愛され，また自身も楽しく快適に落ち着いて暮らしていけるよう，大切にしてあげたい時期だ。

3-7 しつけること

しかし，社会化が適切になされていても，動物の困った行動やいうことをきかないなどの問題に，飼い主はどうしても直面せざるを得ないこともある。

犬については，飼い主を噛んだり攻撃する問題行動の原因として，自分が家族のリーダーであると認識してしまう (McBride, 1997)，いわゆるアルファシンドローム（権威症候群）がしばしば指摘される。「犬はその祖先が狼であり，群れで暮らす習性を持っているため，群れの中での自分のランク（地位）を常に意識し，自分が群れのリーダーであると認識した場合は，群れの仲間を自分に従わせようと

する」という考えだ。犬が「自分こそが家の中で最も偉いリーダーである」との誤ったランキング意識を飼い主との関係の中で持ってしまう時に，問題は起こる。当然，家族のボスなので自分が優先されなければいけないし，飼い主の命令に従うことは，自らボスの座から降りることだ。このため，飼い主のいうことを聞かない，噛む，攻撃的になるなどの問題行動を引き起こすとの考え方だ (McBride, 1997)。

このような犬のランキング意識は幻想に過ぎないとの見方もある (支倉, 2010)。犬は既に狼とは異なる習性を持ち，群れの中にいる犬の行動は，狼のそれとは異なる (ブラッドショー・ノット, 1999)。社会化が適切に行われなかったために，さまざまなことに過剰反応し，問題を起こしていることも事実だ (サーベル・ヤゴー, 1999)。

しかし，犬にランキング意識があるにせよないにせよ，社会性を身に着けさせること，つまり，しつけをしっかりと行うことは欠かせない。ひとと動物の関係性においては，飼い主の考え方が重要となる。あまりに甘やかされて，ひとより動物の方が優先される「お犬様」状態になれば，常に自分の要求が通ると学習した犬が，その学習に従って自分の要求を通させようと行動するのは，当然だろう。そして，この「ランクのトップにいる」ことは，実は犬にとっても幸せなことではない。家族は犬をリーダーとは思っていないからだ。犬にすれば，自分の地位を脅かすような「勝手で失礼な」振る舞いを家族がするので，ストレスがたまる。唸ったり噛みついたりして，誰が一番偉いのか教えなくてはいけない。

これは犬に限ったことではない。しつけが大切なのは，その他の動物でも同じだ。動物は基本的にすべてを飼い主に依存している。ひととの社会化が十分に行なわれなかったり，その後の生活の中で「猫かわいがり」してしつけがきちんとされない場合，動物が問題行動を起こす可能性は高くなる。

特に社会化期を過ぎた動物には，行動を修正するためのしつけを根気強く行っていくことが必要だ (McBride, 1997)。生後 3 か月まで

の社会化が「初期学習」ならば,社会化期以降,しつけを行って問題行動を修正していくことは,人間でいう「生涯学習」に相当する。どのような問題行動を起こしているかを見定めて,各動物の習性やその個体の性格を利用して,その動物に合った行動矯正を行うことが大事となる。

■ 3-8 異なる種と暮らすための折り合い

その子の個性,犬種や猫種に固有の性質を知って,うまく折り合いながら暮らすことも,私たちが動物と暮らしていくには必要となる。

私たち人間にも,穏やかで地に足の着いたひともいるし,次にどんな行動を起こすか予測がつかないワイルドさが魅力のひともいる。動物だって同じだ。私たちが十人十色であるように,動物にも生まれもった気質があり,また遺伝的な要素がある。人間にだって暴力的なひとがいるように,攻撃的な性質の動物も存在する。攻撃的な行動についていえば,もともとの性格や遺伝だけでなく,社会化のされ方,生活環境やストレスなども大きく影響する（サーベル・ヤゴー,1999）。私たち人間だって「これだけはイヤ。これだけは許せない」という扱われ方が,それぞれのひとにあるものだ。胎児期における母犬のストレスなども,動物の攻撃性に,実は大きく影響するようだ（コレン,2007）。

また,淋しければ吠える,縄張りを示すために尿によってマーキングやスプレーをするなど,動物としての習性が,その動物が暮らす住環境に適さない場合もある。完璧にひとの期待に沿った理想の「その子」には,なかなか出会えないものなのだ。

人間社会で生きていくためには,まずは社会化が欠かせない。そして,動物との関係性を築いていくしつけが,その次の段階では必要となる。それでも,動物の問題行動に手を焼く場合には,しつけ教室などで行動を矯正していく必要があるだろう。ただし,ひとのいうことを聞くように矯正されても,家の中での環境が問題行動を

許してしまう状況のままだと，問題行動は再発する。どのように学習させ，行動を矯正し，それを維持するか。やはり最後は，飼い主が動物とどのような関係を持ちたいかにかかっている。

3-9 命を粗末にするな

そして，動物を飼うことの周辺には，動物を流通商品として扱うことに伴う悲劇が存在するのも，残念ながら確かだ。

母やきょうだいから早期に引き離され，同種と交わることなく狭い箱の中で暮らし，ひととの接触もえさと清掃の時だけのような生活を送った子犬や子猫。

生まれれば売れる流行の犬種・猫種に目をつけ，素人程度の知識でブリーダー業に乗り出す業者。そして「用済み」になった繁殖犬・猫を処分する業者。経営が行き詰って大量の犬・猫を処分せざるを得ない業者。たくさんの動物を飼育したり繁殖させることを趣味とし，飼育環境が整っていないにもかかわらず，劣悪な環境で多頭飼育し，ついには飼いきれなくなる，いわゆるアニマルホーダー。あるいは，飼える環境，飼い続けること，成長したら大きくなることを考慮せず，ペットショップでのかわいい姿に一目ぼれして家に連れ帰ってしまう飼い主。

誠意あるペットショップ，丹精込めて一匹一匹を育てるブリーダー，一目ぼれした動物と幸せに暮らす飼い主が大半だろう。でも，その陰で，大量生産され，売れ残って「賞味期限切れ」のように処分される動物たちを生み出す仕組みが存在することも事実だ。そして，2013 年の動物愛護法改正により，自治体が動物取扱業者[2]や何度も繰り返し動物を持ち込むものからの引き取りを拒否できることとなったことは，殺処分を減らす効果を持つとともに，山などに動物を遺棄するなどの行動を誘発することともなっている。

---

2) 2013 年の動物愛護管理法改正以降，営利目的で動物の販売，補完，貸出，訓練，展示，競りなどを行う「動物取扱業者」は，「第一種動物取扱業者」に名称が変更となった。

■ 3-10 縁を大切に

　動物と結ぶ愛着の絆は，その子を私たちにとって「特別な存在」にしてくれる。そして，そのような特別な存在である「うちの子」たちは，私たちの心と身体を元気にし，癒しを与えてくれる。

　しかしどんなに愛し合っていても，やがてはいなくなってしまう。悲しみの過程を経た後は，良い思い出となって私たちを慰めてくれるのは確かだけれども，絆が強いほど，動物をなくした時の悲しみも大きい。

　そして，動物との日々の生活は，楽しいことばかりではない。どれほど性格が良くても，どれほどかわいい容姿であっても，やはり困った行動は起こしてしまう。飼い主の期待に100％沿える子はいない。

　それは動物との暮らしに限ったことではない。一つの関係性には必ず光と影がある。

　それでも，一度，縁を結んだ関係は，最後まで大事にすべきだと思う。幼い時に，愛情を持って色々な経験をさせること。周りに愛されるよう，きちんとしつけること。気にかけ，喜びを与えてあげること。命を大切にすること……。

　生涯を生き生きと楽しく過ごすために私たちがしてあげられることは，ひとに対しても動物に対しても，なんら変わらない。

Chapter 3 のまとめ

愛着の絆で結ばれた動物との暮らしは私たちにさまざまな恩恵をもたらしてくれる。しかし光があれば必ず影ができるように、私たちと動物との関係も、良い部分ばかりではない。

Chapter 3 では、動物との暮らしで得られる恩恵に対する「影」の部分について考えた。

ペットロス

ともに暮らしてきた動物の死はストレス度が高く、私たちの心、身体、そして行動面でも不調を引き起こす。周りも、そして飼い主自身でさえ、悲しみに暮れる自分を情けなく思い、早く立ち直らねば、と思いがちだ。しかしペットロスには、愛するひとをなくした時と同じように、回復のための一定の時間と過程が必要だ。そして、なくなった動物の「居場所を心の中につくる」ことが、回復の最終の過程となる。

動物との暮らしをあきらめる

動物をおいて先立つことへの不安から、最も動物を必要とするといえる世代が、実は最も動物を飼うことをためらっている。世話ができる状況にあり、世話をしたい気持ちがある高齢者に対し、動物を飼うことを支える動きも、近年では出てきている。

社会化、しつけ

問題行動ゆえに、飼い主と絆を結ぶことができない場合もある。「家族の一員」として動物が家庭になじんでいくためには、種特有のコミュニケーション方法や、人間社会で暮らしていくためのさまざまなことを学ぶ「社会化期」の過ごし方が重要となる。また、迎え入れられた家庭でのその動物の性質や習性も理解した上でのしつけが、ひとと動物が絆を結んでいく上で大切となる。

【引用・参考文献】

大村英昭（2008）．少子高齢化社会のなかのペット―ペットとネオ・ファミリズム　森　裕司・奥野卓司［編著］　ヒトと動物の関係学　第3巻　ペットと社会　岩波書店, pp.131-154.

小此木啓吾（1979）．対象喪失―悲しむということ　中央公論社

コレン S.／木村博江［訳］（2007）．犬も平気でうそをつく？　文藝春秋（Coren, S. (2004). *How dogs think*. New York: Simon and Schuster.）

サーペル, J.・ヤゴー, J. A.（1999）．初期の経験と行動の発達　J. サーペル［編］／森　裕司［監修］武部正美［訳］ドメスティック・ドッグ―その進化・行動・人との関係　チクサン出版社, pp.121-151.

砂原和文（2013）．人獣共通感染症について考える　日本獣医師会雑誌, **66**, 826-827.

高柳友子・山崎恵子（2005）．ペットの死，その時あなたは　鷲巣月美［編］ペットの死，その時あなたは　三省堂, pp.81-118.

竹内ゆかり（2008）．破たんする生活―ペットの問題行動と飼い主　森　裕司, 奥野卓司［編著］ヒトと動物の関係学 第3巻　ペットと社会　岩波書店, pp.155-178.

動物愛護管理法の一部を改正する法律（2014年9月公布，2015年9月施行）

日本ペットフード協会（2014）．平成26年　全国犬猫飼育実態調査〈http://www.petfood.or.jp/data/chart2014/index.html（2015年11月2日確認）〉

支倉槙人（2010）．ペットは人間をどう見ているのか―イヌは？ネコは？小鳥は？　技術評論社

ブラッドショー, J. W. S.・ノット, H. M. R.（1999）．コンパニオン・ドッグの社会行動と情報交換行動　J. サーペル［編］／森　裕司［監修］武部正美［訳］ドメスティック・ドッグ―その進化・行動・人との関係　チクサン出版社, pp.169-188.

ボウルビィ, J.／黒田　実郎・吉田恒子・横浜恵三子［訳］（1981）．母子関係の理論　Ⅲ　対象喪失　岩崎学術出版

鷲巣月美（2008）．ペットロス―共に暮らした伴侶動物を失って　森　裕司・奥野卓司［編著］　ヒトと動物の関係学 第3巻　ペットと社会　岩波書店, pp.179-196.

Brodbeck, A. (1954). An exploratory study of acquisition of of dependency behavior in poppies. *Bulletin of Ecological Society of America*, **35**, 73.

DIMSDRIVE (2009). ペットに関するアンケート 2009 〈http://www.dims.ne.jp/timelyresearch/2009/090623/（2015 年 10 月 15 日確認)〉

Fox, M. W., & Stelzner, D. (1967). The effects on early experience on the development of inter- and intraspecies social relationships in the dog. *Animal Behaviour*, **15**, 377-386.

Freedman, D., King, J., & Elliot, O. (1961). Critical periods in the social development of dogs. *Science*, **133**, 1016-1017.

Gage, M. G., & Kolcomb, R. (1991). Couples' perception of stressfulness of death of the family pet. *Family Relations*, **40**, 103-105.

Harlow, H. F. (1958). The nature of love. *American Psychologist*, **13**, 673-685.

Holmes T. H., & Rahe R.H. (1967). The Social Readjustment Rating Scale. *Journal of Psychosomatic Research*, **11**, 213-218.

Lazarus, R. S., & Folkman, S. (1984). *Stress, Appraisal, and Coping*. New York: Springer Publishing Company.

McBride, A. ／山崎恵子［訳］（1997）．人と犬との関係　I. Robinson［編］人と動物の関係学　インターズー, pp.121-138.

McCune, S., McPherson, J. A., & Bradshaw, J. W. S. ／山崎恵子［訳］（1997）．問題を回避する―社会化の重要性　I. Robinson［編］人と動物の関係学　インターズー, pp.87-106.

McNicholas, J., & Collis, G. M. ／山崎恵子［訳］（1997）．絆が断ち切られる時―ペット・ロスへの対応　I. Robinson［編］人と動物の関係学　インターズー, pp.155-176.

Ory, M. G., & Goldberg, E. L. (1984). An epidemiological study of pet ownership in the community. In R. K Anderson, B. L. Hart, & L. A. Hart (Eds.), *The Pet Connection: Its Influence on Our Health and Quality of Life*. MN: Center to Study Human-Animal Relationships and environments, University of Minnesota, pp.320-330.

Packman, W., Field, N. P., Carmack, B. J., & Ronen, R. (2011). Continuing bonds and psychosocial adjustment in pet loss. *Journal of Loss and Trauma*, **16**, 341-357.

Rosenberg, M. A. (1984). Clinical aspects of grief associated with loss of a pet: A veterinarian's view. In W. J. Kay, H. H. Kutscher, R. M. Grey, & C. E. Fudin (Eds.), *Pet Loss and Human bereavement*. IA: Iowa State University Press. pp.119-125.

Stewart, M. (1983). Loss of a pet loss of a person: a comparative study of bereavement. In A. H. Katcher, & A. M. Beck (Eds.) *New perspective on our lives with animal companions*. Philadelphia, PA: University of Pennsylvania Press, pp.390–406.

Turner, D. C.／山崎恵子［訳］(1997). 人と猫との関係　I. Robinson ［編］人と動物の関係学　インターズー, pp.107–120.

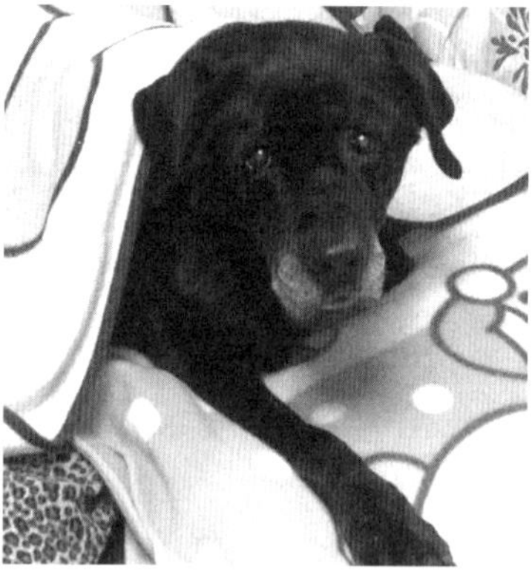

Chapter 4

「絆」をつなぐ
子どもたちに伝えるべきもの

① 動物との暮らしで育つもの

　ここまで，おとなの私たちと動物との関係，絆について述べてきた。では，子どもの心に動物はどのように映るのだろうか。私たちの子どもが動物と愛着を築き，動物と幸せに生きていくために，私たちは子どもたちになにを伝えてあげればよいのだろうか。

■ 1-1　家庭は動物になにを望んでいるのか

　どうして親は，動物を飼うのだろうか。動物がいる生活になにを望んでいるのだろう。

　日本ペットフード協会の調査では，家族の人数が増えるほど，動物を飼う割合も高くなっていることが示されている。つまり，動物を飼うのは，ひとり暮らしよりも夫婦，そして夫婦よりも子どものいる世帯であることがこの結果からはうかがえる。また，アパートよりもマンション，マンションよりも一戸建ての住宅のほうが，動物を飼う割合が高くなっている (DIMSDRIVE, 2009)。飼うための環境が整ったこともあるのだろうが，「子どもの成長に動物は欠かせない」と親が感じていること，そして動物を飼うことが子どもの成長によい影響を与えることを期待していることも大きい。実際，動物を飼ったことにより，子ども (16歳未満) が「心豊かに育っている」，「他者を思いやるようになった」，「命の大切さをより理解するようになった」，「家族とのコミュニケーションが豊かになった」，「淋しがることが少なくなった」などが報告されている (日本ペットフード協会, 2014)。

また，動物を飼うことは子どもの健康にも良い影響を与えることが研究により明らかにされている。たとえば，生後1年以内に犬や猫を飼うことは，飼っていなかった場合に比べて，成長して後の動物へのアレルギー反応が低いことがアメリカでの調査で報告されている（Wegienka et al., 2011）。1987-89年に生まれた研究対象者が18歳になった時に血液検査を行い動物へのアレルギー反応値を比較したところ，犬，猫ともに，生後1年未満の間に室内で一緒に暮らしていた10代はそうでない10代よりもアレルギー反応を起こすリスクが少なかった。

　なにをもって「心豊か」，「思いやり」，「命の大切さ」を指すかは，各家庭によって異なるだろう。また，これらの調査結果は，動物を飼う前や，動物を飼っていない家庭の子どもと比較したわけではないため，実際に子どもがそのように変化したと言い切ることは難しい。しかし少なくとも，動物を飼うことによる子どもの成長を実感し，動物がもたらすよい影響に親が満足していることは，確かだろう。

　では実際に，「心豊かに育っている」，「他者を思いやるようになった」，「命の大切さをより理解するようになった」とは，どのようなことを指すのだろうか。

1-2　養護性と動物

　たとえば，私たちは動物と暮らすことにより養護性が満たされることをChapter 1でみた。養護性とは「幼いもの，弱っているものを慈しむ気持ち」だ。そのような養護性の育みは，「心豊か」，「思いやり」，「命の大切さ」の1つの表れだといえるだろう。

　養護性は子どもの中に，どのように育まれていくのか。実は，私たちが「小さい子」に接触する機会はそれほど多くない。日本でも欧米諸国でも，出産率が低下し，地域とのつながりも希薄化していく中で，子どもが乳児と接する機会は以前よりずっと少なくなっている。遊んだり面倒をみるどころか，せいぜい電車の中で赤ちゃん

を見たことがあるくらい，という若者も少なくない。乳幼児の世話を通して養護性を育む機会は減っているのだ。

　では，養護性あふれる親に育てられれば，子どもの中にも養護性は育つのか。小嶋（1989）は，やさしい親に育てられたからやさしい親や保母，看護婦などになるわけでなく，「子ども時代の人や生きものを慈しみ育てる経験が介在して，やさしいおとなになっていくのではないか」との問いを投げかけている。

　この小嶋の問いに対してフォーゲルとメルソン（1989）は，「ひとは友だちやペットのような，赤ん坊以外への養護活動に携わることによって，赤ん坊を養育することを学べる」と，その研究結果から示唆している。

　動物を飼えば，養護性が育つのだろうか。

　メルソンとフォーゲル（Melson & Fogel, 1996）は，年下のきょうだいやよその乳児への養護性と，動物に対する養護性を比較するため，未就学児134人，小学2年生337人，小学5年生230人の親に，子どもの様子について報告をしてもらった。

　まず，小さい子どもへの養護性だ。

　分析の結果分かったことは，年齢が低いうちは，自分より幼いものに対する養護性を示すのだが，年齢が上がるにつれて養護性は低下していた。また，どの年齢においても，女子の方が男子よりも高い養護性を示していた。

　これに対して，動物への養護性に関しては，学年が上がるにつれて，動物への世話をする頻度が増えた。また，動物と遊んだり世話をすることに関して，男子と女子の間に性差はみられなかった。

　つまり，幼い子どもへの養護性は年齢が上がるにつれて低下し，また女子よりも男子に低下が顕著だった。これに対して，動物への養護性では男女の差はなく，年齢が上がるにつれて高くなる，という違いがみられたのだ。

1-3 「養護してもよい」対象である動物

どうして，幼い子どもへの養護性は，年齢が上がるにつれて低まるのだろうか。また，女子よりも男子の方に，これらの傾向が顕著なのだろうか。

小嶋 (1989) やフォーゲルとメルソン (1989) は，年齢や性別にふさわしい遊びや振る舞いに対する社会の期待が関係している可能性を示唆している。

子どもは年齢に応じて，乳児や幼いものから次第に，家の外の広い世界に目を向けることを社会から要求される。子ども自身の関心も，外の世界を知るにつれてさまざまなものごとへと関心が移っていく。また社会は子どもたちに，「女の子は女の子らしく，男の子は男の子らしく」振る舞うことを暗黙のうちにも期待している。小さな子どもの世話をするのはお母さん。父親が世話をしていれば，それだけで「育メンだね」と，微笑ましく受け取られる。

しかし，動物をかわいがること，ともに遊び世話をすることは，むしろ社会の中で推奨される行為であることをメルソン (2007) は指摘する。動物を飼うことは，年齢が上がっても性別にも関係なく容認され，養護性を育む手段となるのだ。

1-4 動物の世話，年下の子どもの世話

さらにもう一つ，明らかになったことがある。動物を飼っている子どもは，動物と年下のきょうだいの両方を持っている子どもよりより頻繁に動物と遊んだり世話をしたりしていたことだ。同時に，動物も年下のきょうだいも持つ子どもは，動物を飼っていない子どもに比べても，年下の子と遊んだり世話したりすることの頻度に差がみられなかった。

つまり動物がいることは，年下のきょうだいと遊んだり世話したりすることの妨げにはならず，さらに一人っ子や年下のきょうだいを持たない子どもにとっては，遊び相手となり，また養護性を伸ばす「教材」となることが示唆される。

わが国でのきょうだい数の平均は 2005 年では 2.09 人。2 人きょうだいが 56％ と多い（国立社会保障・人口問題研究所, 2006）。つまり，一人っ子（11.7%）も含めて単純計算すると，約半数の子どもは年下のきょうだいを持たないこととなる。きょうだいの少ない現代っ子にとって，動物との遊びや世話は，養護性の芽を育む貴重な機会のようだ。

② 動物を飼えばやさしい子に？

■ 2-1 ひとへの思いやりも育つのか

しかし，疑問も残る。

動物への養護性を育むことが本当に，乳幼児への養護性に結びつくのだろうか。動物と遊べば養護性あふれる親になるのか。メルソンは，「子どもたちは，動物は「動物」であり，決して妹や弟の代わりではないことをよく分かっている」とも述べている。

「養護性が育つ」ということは「思いやりの芽が育まれる」ということだ。前述のように，動物を飼ったことで子どもが「心豊かに育っている」，「他者を思いやるようになった」と感じている親は多いようだ。しかし，動物への思いやりが芽生えても，それがひとへの思いやり，つまり共感性にまでも結びつくものだろうか。動物を飼えばやさしい子に，本当になるのだろうか。

この問いへの一つの答えが，ポレスキとヘンドリクス（Poresky & Hendrix, 1990）の研究だ。

ポレスキとヘンドリクスは，3-6 歳の子どものいる母親 74 人に質問紙（アンケート）を送り，子どもと飼っている動物との間の絆や，ひとと仲良くやっていくのに必要なスキル——協調性，ひとへの元気づけなど——をどれほど身に着けているかについて尋ねた。さらに 41 世帯には直接訪問して，子どもにお話の主人公の子が悲しんだり恐がったり喜んだりするお話を聞かせて，その子が主人公の気持ちにどれほど共感することができるか，調査した。

表 4-1 動物を飼っていること・動物との愛着と，ひとへの元気づけ，協調性，共感性との関連性 (Poresky & Hendrix (1999) に基づき作成)

	動物を飼っていること	動物との愛着
ひとへの元気づけ	×	○
協調性	×	○
共感性	×	○

(×：意味のある関連性なし ○：意味のある関連性あり)

しかし，残念なことに，分析の結果，「動物を飼っている」ことは，ひとへの共感性や仲良くやっていくためのスキルとは，結びついてはいなかった（表4-1）。

やはりものごとはそう単純ではないのか。「動物を飼えばやさしい子に」とは，なかなかいかないものなのだ。

2-2 「飼う」ことと「愛着を育てる」こと

ところが，この分析には続きがある。「飼っていること」ではなくて「飼っている動物との絆の強さ」で分析すると，ひとへの共感性や，ひとと仲良くやっていくためのスキルの中の「ひとへの元気づけ」，「協調性」などと関連することが明らかになったのだ（表4-1）。

Chapter 3 まで，ただ飼うことではなくて「愛着を結ぶ」ことの効果が，さまざまな実証によって明らかにされてきた。

子どもの心の成長においても，やはりそうだったのだ。

そして，子どもの「動物への愛着」と「他者への思いやりを育むこと」との関係をさらに裏付けたのが，ヴィドヴィッチら (Vidovic et al., 1999) の研究だ。ヴィドヴィッチらは，クロアチアのザグレブに住む826人の子ども（小学4年生265人，6年生295人，日本の中学2年生に当たる8年生266人）に対して，動物を飼っていることや動物に対する愛着の強さと，ひとへの共感性，向社会性（ひとへの思いやり），家族の雰囲気などとの関係を調査した。このうち，動物に対する愛着の強さに関しては，家庭で動物を飼っている449人にのみ尋ねた。

動物への愛着は，犬あるいは猫を飼っている児童のほうが，そ

の他の動物を飼っている児童に比べて，男子・女子とも高い愛着を示した。一番高かったのは猫を飼っている女子，一番低かったのは，その他の動物を飼っていた女子だった。

■ 2-3 「飼うこと」と「愛着を持つこと」は，違う

ひとへの共感性や向社会性について，ヴィドヴィッチらは学年，男女，飼っている動物の種類によって異なりがあるかを丁寧に調べているが，ここでは，「動物を飼っていること」と「動物への愛着」に焦点を当てて，結果を見てみよう。

まず，動物を飼っていることとひとへの思いやり，つまりひとへの共感性，向社会性の関係では，犬を飼っている児童のみが，動物を飼っていない児童よりも共感性，向社会性とも高い結果となった。

そこでヴィドヴィッチらは，「飼うこと」でなく「動物への愛着」を用いて，ひとへの共感性や向社会性との関係について再分析を行った。動物を飼っている子どもの愛着の得点を平均より低いか高いかで「愛着が低い群」，「愛着が高い群」の二つに分けて，さらに動物を「飼っていない群」を加えた3群で，共感性，向社会性，そして家族の雰囲気に違いがあるか，比較してみたのだ。

その結果，明らかになったのは「動物への愛着が高い児童は，動物を飼っていない児童や動物への愛着が低い児童よりも，ひとへの共感性，向社会性が高い」という結果だった（図4-1）。

■ 2-4 動物との絆が「やさしい子」に

動物を飼うことでひとへの思いやりが育つのか。動物への愛着がひとへの思いやりを育むのか。

ヴィドヴィッチらは，愛着があるからこそ，動物を飼っていることがひとへの思いやりの育みに結びつくと考察する。ただ飼うだけでなく，動物を慈しみ世話をし，その幸せに責任を持つ中で，子どもは経験的に，他のひとの気持ちや欲求に応答して気遣うことを学ぶのだと，ヴィドヴィッチらは考える。ポレスキらやその他の実証

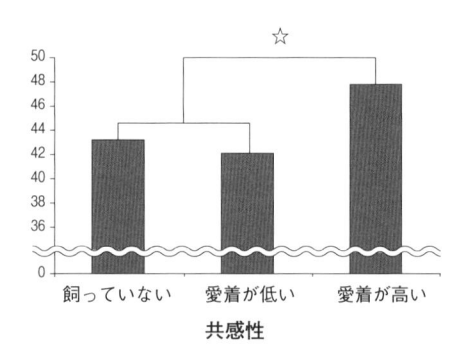

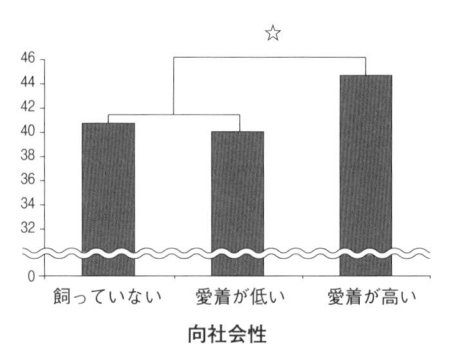

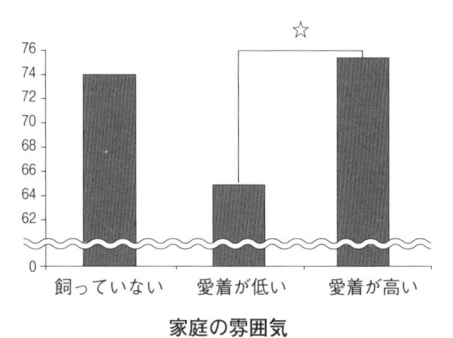

図 4-1 動物への愛着と共感性，向社会性，家庭の雰囲気
(Vidvic et al.（1999）より作図)
(☆は，群の間に意味のある差があったことを表す)

研究の結果も考え合わせると,「動物を飼ってさえいればやさしい子に育つ」,というわけではないようだ。愛着があること。絆があること。それが前提となるようだ。

ひょっとするとこれは,子どもたちのパーソナリティに由来するもので,ひととも動物とも親密な関係を作れる子と,親密な関係を誰かと作るのが苦手な子,という違いかもしれない。

それでもなお,「動物に愛着を抱き,思いやりを持つことは,他のひとへの共感性や思いやりにつながる」との考え方は捨てがたい。そして,「動物を飼うことは情緒豊かなやさしい子に育つ」との親たちの実感を思う時,動物との関係は,子どもたちの心の中に思いやりを育む力を持つようだ。

③ 子ども,動物,家族

■ 3-1 家族の「接着剤」としての動物

もう一つ,さきほどのヴィドヴィッチらの研究から明らかになったことは,動物との愛着が強い子どもは愛着が弱い子どもに比べて,家庭の雰囲気を「良い」と感じているということだ。

父母,祖父母,子ども……。「家族」というシステムの中で,動物は往々にして,家族のメンバーを引き寄せて家族の結束を強める「接着剤」のような役割を果たすことをケイン (Cain, 1983) は述べている。「家族における動物の役割」について 60 世帯から回答を寄せてもらったケインの調査では,動物がいることにより,家族の間でのやり取りや会話が進んでいること,動物を中心に家族が回っていることなどに関する回答が,各家族から寄せられた。

また,動物になにを食べさせるべきか,誰が新鮮な水を毎日与えてやるか,散歩は誰が行かせるか,身体の具合や今日「やらかした」ことなど,動物がいることで家族に話し合いの場を提供する。

ケインが特徴的としているのは,動物を挟んだ「三角関係」により自分ともう一人の家族とのやり取りや関係が進む,ということだ

った。子どもに向かって「弟をぶつのをやめなさい！」と面と向かって注意するよりも，「ケンカしないで。ミケが心配してるじゃない」というように，動物を間に挟んで「橋渡し」をしてもらうことにより，家族関係が円滑に進む様子がみられた。

家族の間が良好であることは，子どもの情緒的発達に良い影響をもたらす (菅原, 2003)。その意味で，動物を介して家族の仲がより親密となることは，間接的に，子どもの情緒にも良い影響を与えているといえるだろう。

3-2 愛着は高ければ高いほどいいのか

では，子どもの動物への愛着は，高ければ高いほど良いのだろうか。

動物との絆を家族との絆よりも大切なものと受け止めている子どもたちがいる。家族関係においてつらい境遇にある子どもたちにとって，動物はしばしば家族の代償となる。しかし，彼らの置かれた状況は，決して幸せなものではないことが，ソーシャルワーカーとして青少年を見守ってきたロビンら (Robin et al., 1983) の研究からは見てとれる。

3-3 非行少年と動物

ロビンらは13-18歳の少年少女507人 (男子326人，女子181人) に対し調査を行い，犯罪少年用訓練学校に通う非行少年，通常の高校に通う高校生，情緒障害[1]で入院している高校生の，飼っていた動物との関係について比較を行った。

この調査でまず分かったことは，ロビンらの予想を裏切って，非行少年かそうでないかの区別なく，ほぼ90％の子どもが動物を飼った経験があったということであった。

---

1) 情緒障害とは，情緒の現れ方が偏っていたり，その現れ方が激しかったりする状態を，自分の意志ではコントロールできないことが継続し，学校生活や社会生活に支障となる状態をいう (文部科学省, 2002)。

表 4-2 なぜ,「動物を飼うことは子どもの成長にとって大切」なのか
(Robin et al. (1983) より作成)

非行少年	愛する対象として(47%)	良い友達だから(28%)	飼うことで責任を学べる (25%)
情緒障害の子ども	愛する対象として(61%)	良い友達だから(29%)	飼うことで責任を教える (10%)
普通高校の子ども	飼うことで責任を学べる (44%)	愛する対象として(29%)	良い友達だから(27%)

　では,非行少年は動物との間に愛着を育ててこなかったのか。しかし,そうでもなかった。子どもたちの97％が,飼っていた動物を非常に愛したか好きだったと回答しており,この割合は,通っている学校や施設で違いはなかった。

　しかし,特徴的なことが一つあった。動物は「家族の一員」との回答が,普通高校に通う子どもでは非行少年の3倍であったのに対し,非行少年の場合は,「動物が唯一の愛情の対象,家族の愛情の代わり」と答える子どもたちが多かったことだ。そして,遊び方も,非行少年は友だちがおらず,「動物とだけ遊ぶ」という回答が印象的であることをロビンらは述べている。自分の悩みを動物に話す子どもの割合も,動物が自分を家族や他人から守ってくれると答えたのも,非行少年のほうが圧倒的に多かった。

　そして,もう一つ,特徴的なことがある。「動物を飼うことは子どもの成長にとって大切だと思いますか」との質問に,普通の高校生の61％とともに,非行少年の78％も「とても大切」と答えている。しかし,非行少年や情緒障害の子どもと,普通高校に通う子どもでは答えの内容が異なった。

　なぜ動物を飼うことが子どもの成長に大切なのか。表4-2に記されたその答えを比べていくと,非行少年や情緒障害の子どもの孤独な魂が浮き彫りになってくる。

　つまり,非行少年や情緒障害の子どもにとって,動物はワン・アンド・オンリーの存在なのだ。愛情を注ぐ存在として,かけがえの

ない，代わりのきかない存在なのだ。彼らにとっては，動物が唯一の「家族」だったのだ。

■ 3-4 突然の離別

しかし，非行少年や情緒障害の子どもたちは，動物を現在も飼っている割合が普通高校の生徒に比べて少ない。その原因を見ていくと，悲しい特徴がある。彼らは「自分の動物を暴力的な状況で失っていることが多い」ということだ。非行少年の34％が動物を殺されて失っていたのだ。普通高校の生徒たちでは，事故あるいは殺害で動物を失った割合は12％だった。そして，このように動物を殺害された非行少年たちは，悲しみより怒りを感じる傾向にあること，中には復讐を思う子どももいたことをロビンらは報告している。

動物虐待と非行との関係について研究しているアシオーンは，子どもが非行に走る背景には家庭内で子どもに対する虐待がある場合が多いこと，そして，児童虐待や配偶者に対する家庭内暴力にはしばしば，脅しや見せしめとしての動物虐待や殺害が伴うことを報告している（アシオーン，2006）。

ロビンらの調査では，普通の高校の生徒が動物と暮らした期間の平均は郊外で8年，都会で7年だったが，非行少年や情緒障害で入院している子どもの場合，平均3年であった。家族の代わりとして，強く愛する対象として動物と暮らし，悩みを打ち明け，一緒にいる。そしてある日突然，予告もなしに愛するものの命を理不尽に絶たれる。その，幸せだった時間は，わずか3年なのだ。そして憎しみや怒りだけが心には残る……。

どのような経緯で非行に走ったか，精神のバランスを崩したかまでは，ロビンらの研究では記されていない。そして，当然のことながら，非行はいけないことだ。しかし，非行少年の孤独な魂と動物との別れを思う時，彼らの心の柔らかで繊細な部分に，思いをはせたくなる。

■ 3-5 動物は「家族の一員」であるべき

　おとなだけでなく子どもも，愛着が強いほど死を悼む気持ちも強い (Brown et al., 1996)。ましてや，家族とのつながりが強くない子どもにとって，唯一の愛する対象である動物の死は，自分がほんとうに孤独になってしまったと感じることだろう。

　そのような中で，孤独な少年が，動物を殺されたことを乗り越えて成長する過程を描いた，*"My life as a dog"*（1985年公開, スウェーデン, ラッセ・ハルストレム監督）という映画作品がある。

　父は南の海に漁に出たまま。兄にはいじめられ，母は病気が重い。母を喜ばせたいけれど，自分のドジな失敗で余計に母を怒らせ悲しませてしまう。そんなイングマル少年の人生哲学は，「人工衛星に乗せられて地球最初の宇宙旅行生物になったライカ犬の運命を思えば，自分の人生はマシ」。イングマルの唯一の心のよりどころは，愛犬のシッカンだった。やがて母の病気が悪化し，ついに入院してしまう。イングマルは，田舎のおじさん夫婦に預けられる。そこで，個性豊かな住人たちと出会い，おじさん夫婦からの愛を受け，初恋をし，成長していく。しかし，自分の不在の間に「犬の保育所に預けられた」はずだったシッカンが，実は殺されていたことを知ったイングマルは，人間不信に陥り，あずまやに立てこもる……。

　イングマルの場合，シッカンを殺したのはいま一緒に住んでいるおじさん夫婦や町のひとではないこと，おじさんが彼の心に寄り添ってくれたのが救いとなり，「シッカンの死」を乗り越えて成長していく。

　イングマルにとって，シッカンだけが家族だった。しかし，ロビンらの調査での，普通高校に通う生徒たちの回答の通り，動物は「家族の一員」であるべきで，「唯一の家族」，「家族の代わり」となるべきではないのだ。家族でなくとも，子どもと愛着を築くことのできるおとな，あるいは友だちがいることが，子どもの心の成長を助ける。

　動物と愛着を築くことは，子どもの心にひとへの思いやりを育む。

しかし、その前提として、まずはおとなが子どもとの愛着を築くべきなのだ。そのおとなとの関係の中で、動物を世話すること、思いやることを学び、他のひとへの思いやりを育んでいく。それが子どもの成長には大事なのだ。メルソン (Melson et al, 1991) は、思春期以降の、動物へのあまりにも強すぎる愛着について、その子どもが友だちもなく孤独であるため、動物との関係に引きこもっている可能性を危惧する。動物が親代わりとなる、唯一の愛着の対象となるような関係は、やはり子どもの心の発達を歪めるのだ。

動物と子どもの関係は、その子を取り巻く環境の鏡に過ぎない。

④ 学校動物の世話で、育つもの

4-1 動物が飼えない

動物とふれあい、絆を結ぶことは、子どもの心を育む。

しかしその一方で、動物を飼いたくともなかなか飼えないこともある。特に都市部は、アパートやマンションなどの共同住宅化が進み、動物を飼ってはいけないことも多い。

子ども時代に動物を飼わなかった子どもは、おとなになっても動物を飼わない傾向にある (Kidd & Kidd, 1989)。もしそうだとすると、子どものうちに動物を飼う機会がないと、私たちは生涯にわたって動物を飼う機会がないのだろうか。自分の子どもに、動物を飼うことによる恩恵を与えられないのだろうか。

しかし、そのような動物を飼えない環境にある子どもにとって福音となるかもしれないのは、「動物とのふれあいがもてるのは家庭だけではない」ということだ。

4-2 日本は学校動物飼育の先進国

動物がいることは、子どもの発達に良い影響を持つようだ。ひとと動物の関係をめぐる研究によりこのことが明らかになるにつれて、動物を教育の場に活用しよう、動物との適切なふれあい方や命の尊

さを学ばせ，子どもの情緒の発達に役立てさせようという動きが盛んになった（たとえば Blue, 1986; Myers, 1998）。この動きは動物介在教育（Animal Assisted Education: AAE）と呼ばれ，近年では国際的なガイドラインも採択されるなど（IAHAIO, 2010），動物を用いての教育は世界に広まりつつある。

実は日本は，他国に先駆けて，100年以上も前から動物介在教育を行っている。

日本では明治時代から，学校で動物を飼育することの教育的効果が注目され，幼稚園や小学校で小動物を飼育する独自の動物介在教育が，一貫して展開されてきた（鈴木, 2003）。この歴史は今も受け継がれてきており，幼稚園や小学校の学習指導要領の理科，道徳，平成元年から新設された生活科などにも，動物飼育の重要性が記されている（文部省, 1999）。まさに，国を挙げての動物介在教育が行われているのだ。

これを反映して，飼育舎などで動物飼育を行っている学校も，小学校では9割近い（鳩貝・武, 2004）。また，生活科において学校動物を利用する学校は73.5%，学校動物の死亡の際には，児童とともにその死を悼むことで命の大切さを学ぶ機会とする学校も76.2%に上る（鳩貝・武, 2004）。鳩貝・武によると，学校で飼育される動物は，ハムスターやモルモットなどの小動物が教室内や廊下で飼育されることもあるものの，大半がウサギやニワトリ類で，学校敷地内の飼育舎で飼われている[2]。

常に子どもの身近に存在する学校動物は，さまざまな教科における有用な教材の一つだ。学校動物飼育では一般に，エサ・水やり，清掃などの世話とともに，適切な飼育環境を整えるために獣医師による飼育指導を受けることが求められている（文部省, 1999）。

---

[2] 動物の飼育には児童が当たることが多いが，アレルギー性疾患（喘息，アトピー性皮膚炎，アレルギー性鼻炎・結膜炎など）を持つ児童に対しては，掃除に伴うチリ・ホコリや動物の毛・フケが発作や悪化の原因となりうることが知られている。教職員はその危険性を認識し，配慮することも必要となる（アレルギー疾患に関する調査研究委員会, 2007）。

4-3 学校での動物飼育の効果をどのように測るか

では,学校で動物を飼うことはどのような効果を持つのだろう。家庭で飼うのと同じように,子どもの心に動物への愛着やひとへの思いやりを育むのだろうか。

動物飼育を行っている学校や幼稚園からは,「生命を尊重する心や思いやりを養うことができた」,「児童の心が癒される」などの声が聞かれる (鳩貝・武,2004)。

しかし残念ながら,飼う前,あるいは飼っていない児童と比べて,どれくらい変化があったのかを調べた研究はほとんどない。ダイエットサプリメントと同じだ。使用前と使用後,使用していないひとと使用したひとを比べないと「効果があった!」ということはできない。

どれくらい動物とふれあっているかも大切だ。いつも動物の世話をする子どもと,飼育舎の外から動物を眺めるだけの子どもとでは,動物との関係が与える影響に違いがあるのではないか。

学校で動物を飼うことが本当に良い効果を持つのか,はっきりしない。飼う前,あるいは飼っていない場合と比較したり,どれくらいふれあっているかきちんと調べなくては,効果の有無を論じることはできないのだ。

そこで,「学年飼育」という飼育の形態に注目し,学校で動物を飼うことと児童の心の成長との関係を調査した研究がある (中島ら, 2009)。「学年飼育」とは,一学年のすべての児童が「当番学年」として動物の世話をする飼育方式で,小学4年生で行われることが多く,飼育舎で動物飼育している小学校の約2割が導入している (鳩貝・武,2004)。これに対して,多くの小学校で行われる動物飼育は「委員会方式」で,5・6年生の数人の飼育委員のみが動物の世話をする。委員会にまだ入っていない4年生は飼育をしない。これなら,①「学年飼育を行う前と行った後の比較」,②「学年飼育を行っている4年生と,「委員会方式」の学校の4年生との比較」で,学校での動物の世話が子どもの心の発達に与える影響が明らかになる

表 4-3 「学年飼育」と「委員会方式飼育」との違い
(中島ら (2009) より作成)

学年飼育	委員会方式
・4年生全員が数人ずつのグループを組んで，数か月に1週間ずつ飼育作業 ・長期休暇は各家庭が順番に世話 ・各児童の飼育の負担がより軽い ・より多くの児童が飼育に参加 ・数年間の継続により全校生徒が動物飼育に携わることができる ・学年全体で取り組むために1年間の指導計画や6年間での系統的な教育的ねらいが立てやすい	・5・6年生の飼育委員のみが動物の世話 ・担当教諭とともに休日や長期休暇の間の世話，清掃などを負担 ・一人ひとりの負担が大きい ・数人の生徒のみが，動物に直接に触れ合い ・委員会活動の一環

のではないか (表 4-3)。

4-4 きちんと飼っているか

　学校で動物を飼うことで，子どもの心の発達にどのような変化や差が表れるのだろう。中島らは，動物への思いやりを「動物への共感性」，ひとへの思いやりを「他者への温かさ」と「向社会的態度」，学校での居心地の良さを「学校適応」で調べた。

　しかし，当たり前のことだが，ただ「飼う」のと「愛着を持って飼う」のとは異なるように，飼育をしているからといって，どの学校もきちんと適切に飼っているとは限らない。大切に，適切に飼っているか否かで，児童の心にも影響が出るのではないだろうか。そこで中島らは「適切に」飼っている指標として，「児童の動物の世話や触れ合い」，「学校の飼育への関わり」，「児童のペットロスへの対処」，「動物の健康状態への留意」などの六つを動物が適切に飼われていることのチェックポイントとした (表 4-4)。

　その上で中島らは，12校の小学4年生768人を対象に，「①学年飼育を適切に行っている (適切群)」，「②学年飼育を行っているが，適切に世話していない (不適切群)」，「③学年飼育をしていない (学年飼育なし群)」の三つの群 (表 4-5) に分けて，学年飼育をする前，学年飼育した後，学年飼育終了の1年後の3時点において，学校での動物

表4-4 学年飼育「適切さ」のチェックポイント (中島ら (2009) より作成)

児童の関わり	・水やり，えさやりはきちんと行えているか ・休日の世話の体制作り，実際にできているか ・世話の時に一緒に遊んだりして，動物もなついているか
学校の関わり	・教員等が積極的にかかわっているか ・巣箱などで暑さ・寒さを防いでやっているか
教育への取り入れ	・国語や理科など他の教科に，動物飼育で体験したことを取り入れているか
情操教育 (死亡時の授業)	・動物が死んだ時に，お葬式やお別れの会などで動物の死を悼み，死んだ動物への手紙を書くことなどで子どもの心に起こるペットロスをサポートしているか
獣医師との関わり	・学期の初めに導入授業を行って，基礎知識を授けているか ・動物の病気やけがの際には受診させているか
動物の健康状態	・痩せていないか，羽や毛の状態は良いかなど獣医師が診断

表4-5 調査に参加した12校の小学4年生768人 (女子403人，男子365人) の内訳 (中島ら (2009) より作成)

調査に参加した小学4年生	学年飼育 (7校) 小学4年全員で動物飼育	学年飼育適切群 (4校) 適切に学年飼育をしている	適切飼育群	247人 (女子111人，男子136人)
		学年飼育不適切群 (3校) 学年飼育をしているが適切な飼育でない	不適切飼育群	203人 (女子110人，男子93人)
	委員会方式群 (5校) 小学4年では動物飼育をしていない		学年無飼	318人 (女子182人，男子136人)

飼育の効果を比較することにした。

4-5 適切に飼うことは大事

　研究では，飼育前➡飼育終了後，飼育前➡飼育終了1年後で，数値がどれくらい下がったか，あるいは上がったかに注目した。たとえば，飼育前が5➡飼育終了後が3なら，-2の変化量，飼育前が5➡飼育終了1年後が8なら，+3の変化量だ。

　この飼育前➡飼育終了後，飼育前➡飼育終了1年後の「変化量」

4 学校動物の世話で，育つもの　107

を比べたのが，図4-2, 4-3の棒グラフだ。

「飼育前➡飼育終了後」のグラフで特徴的なのは，不適切群の飼育前➡後の落ち込みようだ。動物への共感性，他者への温かさ，向社会的態度とも，適切群はもちろん，学年飼育なし群と比べても，数値の落ち込みが激しい。

一方，「飼育前➡飼育1年後」に目を向けると，適切群と他の群と

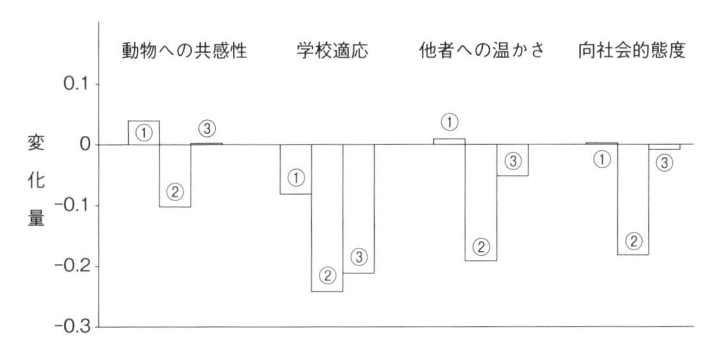

図 4-2 飼育前➡飼育終了後の変化量の比較（中島ら（2009）より作成）
　注　①：適切群，②：不適切群，③：学年飼育なし群。

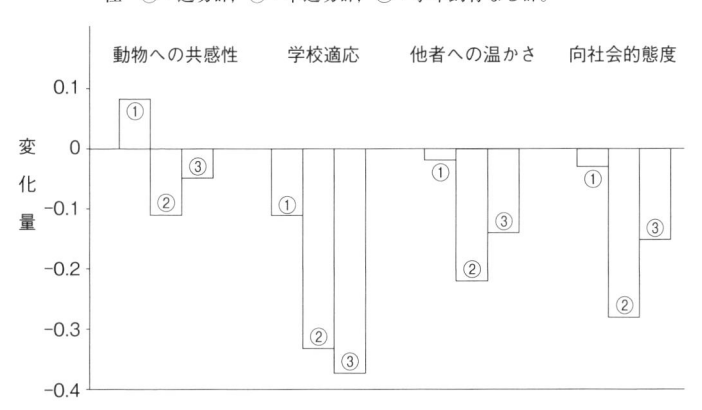

図 4-3 飼育前➡終了1年後の変化量の比較（中島ら（2009）より作成）
　注　①：適切群，②：不適切群，③：学年飼育なし群。

の違いが顕著だ。適切群は，動物への共感性，他者への温かさ，向社会的態度のすべてにおいて，数値の下がりが少なく，学校適応では3群の中で唯一，数値が向上している。動物を世話し絆を結ぶことがもたらす効果は，飼育の期間が終わっても持続するようなのだ。

■ 4-6　家で飼っていても学校で適切に飼うことは大事

　学年飼育の終了後のみならず，飼育を終了して1年後も，動物への共感性，学校適応，他者への温かさ，向社会的態度のすべての面において「適切に学年飼育した群」とその他の群とに違いが表れたのは，驚くべきことだった。

　しかし，もう一つ考えるべき点がある。当然ながら，家で動物を飼っている児童もかなり多いということだ。心の成長が大きかったのは，ひょっとすると学校で動物の世話をしていたからではなくて，家で動物を飼っていたからかもしれない。

　学校での動物飼育の効果は，家庭で動物を飼った経験のある・なしを分析に織り込んだ時，さらに鮮明なものとなった。図4-4は，学年飼育に関する3群×家庭で動物を飼った経験のある・なしの2群に分けた計6群での分析（表4-6）でのうち，網掛けをしてある3群に注目し，飼育前➡飼育終了1年後の「変化量」を比べてみたグラフだ。

　注目すべきは，家では動物を飼っていないが学校で適切に飼うことを学んでいる「適切・家なし群」だ。動物への共感性，学校適応，他者への温かさ，向社会的態度のいずれにおいても，家で動物を飼っていた群（不適切・家あり群、学年なし・家あり群）に比べて，適切・家なし群は数値の下がりが少ない。特に動物への共感性と向社会的態度では，「家あり」の2群では，学年が上がるにつれて値が低下していたのに対して，適切・家なし群では，逆にプラスの変化がみられた。

4 学校動物の世話で,育つもの　109

表 4-6　学年飼育×家庭での飼育による6群 (中島ら (2009) より作成)

	飼育形態	学年飼育	家で飼った経験	群の名前	人数
調査に参加した小学4年生	適切な学年飼育	適切	あり	適切・家あり群	104人
		適切	なし	適切・家なし群	143人
	不適切な学年飼育	不適切	あり	不適切・家あり群	90人
		不適切	なし	不適切・家なし群	113人
	委員会方式	していない	あり	学年無・家あり群	134人
		していない	なし	学年無・家なし群	184人

注　「家あり」は家で動物を飼った経験がある,「家なし」は家で動物を飼った経験がないことを指す

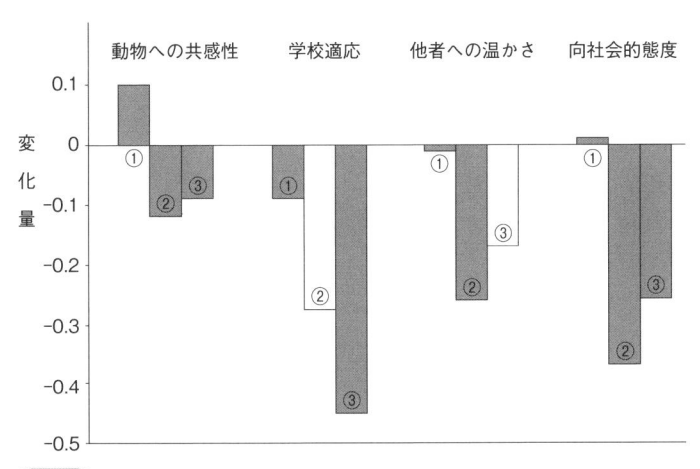

図 4-4　飼育前➡終了1年後の変化量の比較 (中島ら (2009) より作成)
注　①:適切・家なし群, ②:不適切・家あり群, ③:学年無・家あり群。色つきグラフは,他の群との差が現れた群のグラフ。

4-7　「適切に飼う」を学ぶことの大切さ

　ここで一つ,見えてくることは,「家で動物を飼ったことがなくても,学校できちんと飼育することを学べば,よい効果がある」ということだ。

つまり、学校でちゃんと飼うことを学べば、家庭で動物を飼うことができなくとも、子どもの心に動物を大切に思う心が育つ。そして、ひとへの思いやりも育つ、ということをこの結果は示しているようだ。ポレスキらやヴィドヴィッチらの研究で見られた、「動物への愛着」と「他のひとへの共感性や思いやり」との関連が、適切に学校で動物を飼った場合においても、同じように見られたということだ。

家庭だけでなく学校でも、きちんと飼うことによって、そのようなひとへの思いやりも育むことができることを、この研究結果は示している。

そして、「たとえ家で動物を飼っていても、動物の身体や心を思いやることのない不適切な飼育を学校で学んでしまうと、子どもの心の柔らかい部分を鈍麻させてしまうことにもなりかねない」ということも、この研究からはうかがい知ることができる。

4-8 動物と向き合う

ではどうして、学校でちゃんと動物を飼育すると、動物やひととの関係に良い効果が表れたのか。なにが、このようなはっきりした結果を生んだのだろう。

一つは、世話を通して動物との愛着を育む機会を子どもたちがもてたことが大きいのではないか。

飼育舎の多くには、動物が遊んだりするための庭がついている。水やエサを替えたり飼育舎の掃除をした後の時間、児童たちが動物と遊んだり一緒に日向ぼっこをしたりする様子が、適切群では報告されていた。学校の飼育舎の動物は、毎日でも眺めることができる。しかし、実際に世話をし、抱いたり撫でたりする「ふれあい」の時間は、飼育をする子どもだけが享受できる。エサや水をやって世話をすると同時に、動物と遊び、一緒に時間を過ごすことで、動物が喜ぶこと、嫌がることを知る。飼育前と後に児童が描いた動物の絵を比べてみると、飼育後の絵からは、動物の特徴を細かく把握し、関

心を持って描いたことがよく分かる。

では，不適切な飼育では，そのような愛着は育めなかったのか。適切な飼育と比較して，なにが違ったのか。同じように動物とふれあっていたのではなかったか？

不適切な飼育が行われていた学校では，飼育舎が隔離されて近づきにくい場所にあることが多かった。また，鳥インフルエンザが沈静したにもかかわらず，根拠のない過剰な恐れから，動物になるべく触れないよう，マスクやビニール手袋をつけた上で，必要最小限のふれあいしか行っていない学校も多かった。つまり，不適切群では，動物と向き合い，愛着を育む機会が乏しかった可能性が高い。

動物を世話した後の，一緒に日向ぼっこしながらのほっこりした時間。世話を通して命を感じるとともに，そのような「ほっこり」した時間を持つことが，動物への愛着を育み，共感性を高めるのではないか。そのような時間を体験することにより，学校が居心地の良い場所となり，学校適応も上がったのだとしたら，うれしいことだ。

4-9 おとながサポートする

適切な飼育と不適切な飼育のもう一つの違いは，学校で動物を世話し育てることにしっかりと関与してくれる「おとな」が周りにいたか，ということだ。

学校の教員でも職員でも，担任でも校長先生でもいいのだ。きちんと世話をすることが動物を思いやることになることを知っていて，子どもたちがそれを身に着けられるよう，指導しサポートするおとながいることが，適切な飼育には重要だ。獣医師の支援も欠かせない。動物の習性や扱い方，飼育の仕方，病気や怪我の時の診察など，児童や教員を支えてくれる獣医師も，なくてはならない「おとな」だ。

なぜ動物を飼い育てるのか，学校がはっきりとした教育的ねらいを持っていることも大事だ。なぜ学年全員で動物の世話をするのか，

動物を飼うことを通して，子どもになにを学んでほしいのか。それを授業にどのように反映するのかなど，学校の指導目標がハッキリとしており，共有されていることが大切だ。

4-10 命の教育

そして，三つ目は，子どもの心のケアを行ってきたかということだ。

世話をしてきた動物の具合が悪くなった時。そして死んだ時。ペットロスに陥り悲嘆にくれる子もいる。特に心に響かない子もいる。「動物の死」という事実をどのように子どもたちに伝えるのか。適切群の学校の中では，容体の悪くなる動物を案じる児童の様子，回復を祈る姿，そして祈りの甲斐なく動物が息を引き取ったこと，動物を悼むためのお別れの会で書いた手紙を読み上げたこと，自分たちと動物のことをお芝居にして学芸会などで発表した様子が報告されている。

「学校」という場に「死」はあまり介在しない。私たちの日常生活においてさえそうだ。核家族化に伴って「死」に遭遇することの少ない子どもたちに，「生きているものはいつかはなくなる」という命の無常，そして，命の大切さを教えてくれる数少ない機会を動物との別れは提供してくれると考えてよいだろう。

「大切」と思うほどに，その死は重い。そして，そのような「命の教育」を担う学校には戸惑いもあろう。しかし，「飼うならばちゃんと飼う」こと，動物の命に寄り添うこと，そして子どもたちが，なくなった動物の「居場所」を心の中に作れるよう導いてやることは，とても大事な情操教育ではないだろうか。

4-11 最後に

「動物を飼うことでやさしい子に育つのか」。

答えは「Yes。ただし，適切に飼えば」である。

一連の研究を通していえることは，動物への思いやりは，ひとへ

の思いやりにつながる，ということだ。動物への共感性を通じてのひとへの思いやりを育めることを，ポレスキら，ヴィドヴィッチら，そして中島らの研究は示している。

　別に，家でなくともよいのだ。

　そして，学校でなくともよいのだ。

　動物を世話し，その命を気遣い，ともに楽しく過ごす経験ができるのなら，そして，動物が病気になった時，別れの時に，子どもの心を支えてくれるおとながいれば，児童館でも友だちの家でも，良いのではないか。

　飼うならばちゃんと飼うこと。命ときちんと向き合うこと。

　それが，おとなが子どもに伝えられることだ。命の大切さをおとなが教え，行動で示すこと。それが，子どもの心の中に動物への共感性，ひいてはひとへの思いやりを育み，「やさしいおとな」に育つために，不可欠なことではないだろうか。

Chapter 4 のまとめ

養護性

　自分より幼い子どもへの養護性は年齢が上がるにつれて低下し，また男子の低下が顕著だ。しかし，家庭動物への養護性は年齢が上がるにつれて高くなり，男女の差もない。動物との遊びや世話は，子どもの養護性の芽を育む貴重な機会となる。

ひとを思いやる力

　動物への愛着が高い児童は，動物を飼っていない児童や愛着が低い児童よりも，ひとへの共感性が高い。慈しみ世話をし，動物への愛着を育む中で，子どもは経験的に，他のひとの気持ちや欲求に応答して気遣うことを学ぶようだ。

子どもと動物,家族

　動物は家族の結束を強める役割を果たす。また,動物との愛着が強い子どもは,家庭の雰囲気を「良い」と感じている。しかし,動物はあくまでも「家族の一員」。おとなとの関係の中で,動物への愛着を育むことが重要だ。

学校での動物飼育

　学校での動物飼育は,動物への共感性やひとへの思いやり,学校適応を育む好機となる。それには,①「適切な世話」を通して動物との愛着を育めること,②子どもたちの動物の世話をサポートする「おとな」が周りにいること,③動物がなくなった際,「命の教育」により子どもの心のケアを行うことが鍵となる。

　動物への思いやりは,ひとへの思いやりにつながる。
　飼うならばちゃんと飼うこと。命ときちんと向き合うこと。それが,おとなが子どもに伝えられることだ。

【参考・引用文献】

アシオーン,F. R. ／横山章光［訳］(2006). 子どもが動物をいじめるとき―動物虐待の心理学　ビイングネットプレス

アレルギー疾患に関する調査研究委員会(2007). アレルギー疾患に関する調査研究報告書

国立社会保障・人口問題研究所(2006). 第13回出生動向基本調査　結婚と出産に関する全国調査　夫婦調査の結果概要〈http://www.ipss.go.jp/ps-doukou/j/doukou13/doukou13.pdf (2015年10月15日確認)〉

小嶋秀夫(1989). 養護性の発達とその意味　小嶋秀夫［編著］乳幼児の社会的世界　有斐閣, pp.187-204.

菅原ますみ(2003). 個性はどう育つか　大修館書店

鈴木哲也(2003). 学校飼育動物小史―明治・大正時代の学校動物飼育　鳩貝太郎・中川美穂子［編］学校飼育動物と生命尊重の指導　教職研究総合特集（読本シリーズ157）教育開発研究所, pp.68-71.

日本ペットフード協会(2014). 平成26年　全国犬猫飼育実態調査〈http://www.petfood.or.jp/data/chart2014/index.html (2015年11月

2日確認)〉

鳩貝太郎・武 倫夫 (2004). 生命尊重の教育に関する調査結果と考察 生命尊重の態度育成に関わる生物教材の構成と評価に関する調査研究 (課題番号13680219) 平成13～15年度科学研究費補助金 (基盤研究C) 研究成果報告書, pp.5-22.

フォーゲル, A.・メルソン, G. F. (1989). 子どもの養護性の発達 小嶋秀夫［編著］ 乳幼児の社会的世界 有斐閣, pp.170-187.

メルソン, G. F. ／横山章光・加藤謙介［監訳］(2007). 動物と子どもの関係学―発達心理からみた動物の意味 ビイングネットプレス.

文部科学省 (2002). 就学指導資料

文部省 (1989). 小学校学習指導要領 (平成元年度改訂)

文部省 (1999). 小学校学習指導要領解説生活編 (平成10年度改訂)

中島由佳・中川美穂子・無藤 隆 (2009). 学校での動物飼育の適切さが児童の心理的発達に与える影響 日本獣医師会, **64**, 227-233.

Blue, G. F. (1986). The value of pets in children's lives. *Childhood Education*, **63**, 84-90.

Brown, B. H., Richards, H. C., & Wilson, C. A. (1996). Pet bonding and pet bereavement among adolescents. *Journal of Counseling & Development*, **74**, 505-509.

Cain, A. O. (1983). A study of pets in the family system. In A. H. Katcher, & A. M. Beck (Eds.). *New perspective on our lives with animal companions*. Philadelphia, PA: University of Pennsylvania Press, pp.72-81.

DIMSDRIVE (2009). ペットに関するアンケート 2009 〈http://www.dims.ne.jp/timelyresearch/2009/090623/ (2015年10月15日確認)〉

Kidd, A. H., & Kidd, R. M. (1989). Factors in adults' attitudes toward pets. *Psychological Reports*, 903-910.

IAHAIO (The International Association of Human-Animal Interaction Organizations) (2010). *The IAHAIO Rio Declaration on Pets in Schools*

Melson, G. F., & Fogel, A. (1996). Parental perceptions of their children's involvement with household pets: A test of a specificity model of nurturance. *Anthrozoos*, **9**, 95-106.

Melson, G. F., Peet, S., & Sparks, C. (1991). Children's attachment to their pets: links to socioemotional development. *Children's Environments Quarterly*, **8**, 55-65.

Myers, G. (1998). *Children and animals: Social development and our connections to other species.* Boulder, CO: Westview Press.

Poresky, R. H., & Hendrix, C. (1990). Differential effects of pet presence and pet bonding on young children, *Psychological Reports*, **67**, 51-54.

Robin, M., Bensel, R. T., Quigley, J. S., & Beahl, N. (1983). Childhood pets and the psychosocial development of adolescents. In A. H. Katcher, & A. M. Beck (Eds.). *New perspective on our lives with animal companions.* Philadelphia, PA: University of Pennsylvania Press, pp. 436-443.

Vidovic V. V., Stetic, V. V., & Bratko, D. (1999). Pet ownership, type of pet and socioemotional development of school children, *Anthrozoos*, **12**(4), 211-217.

Wegienka, G., Johnson, C. C., Havstad, S., Ownby, D. R., Nicholas, C., & Zoratti, E. M. (2011). Lifetime dog and cat exposure and dog- and cat-specific sensitization at age 18 years. *Clinical Experimental Allergy*, **41**, 979-986.

Chapter 5

おわりに
与えられた「絆」を大切に

　どうして私たちは動物と暮らすのか。

　この問いに対し本書は,「ひとが動物に対して感じる愛着ゆえではないか」と考えた。そして,実証研究を一つひとつ吟味する中でみえてきたことは,「動物をただ飼うことではなく,愛着を持つことで,ひとは動物からさまざまな恩恵を受けることができる」ということだった。動物と愛着の絆を持つ時,ひとはストレスに対処し,心身の健康を保ち,孤独から身を守るための支えを得る。

　ただ動物から恩恵を受けるだけではない。「養護性」という慈しみの気持ちを持ち,動物を大切にすることが,実は私たちの心身にもよい効果を持つことは生理学的にも明らかだ。

　関係を大事にすること,そしてそれが自分にも恩恵となって帰ってくることは,別に動物に限ったことではない。友だちでも恋人でも,家族でも同じだ。縁あってできたつながりを大切にすることは,自分に恩恵となって帰ってくる。

　動物はそのような「家族」,「友だち」の一つの形であるだけなのだ。

① 動物によって,愛着の効果は違うのか

　動物との愛着が私たちに与える効果を裏付けたのが,サイエンス誌にも掲載された,麻布大学の「飼い主と犬との関係において分泌されるオキシトシン」の研究だろう(Nagasawa et al., 2015)。飼い主が犬に見つめられる時,犬が飼い主に撫でられる時,「愛情ホルモン」といわれるオキシトシンが互いに分泌されることが明らかになった。

「犬は人間の最良の友達」といわれるが,まさにそれを証明した研究だといえる。

しかし同時に,この実証結果について私たちは,さらに深く考える必要がある。

たとえば,オキシトシンが分泌されるのは犬との愛着だけなのだろうか。

まだ証明されていないけれど真実かもしれないことは,たくさんあるだろう。ヴィドヴィッチらの研究において,愛着が最も強かったのは女子の猫に対する愛着だった。でも,ひとと猫との間でオキシトシンの分泌は確認されていない。猫と飼い主との間に愛着は存在しないのだろうか。

「そんなはずはない」と,実は猫好きの私は考える。私たちがひとを愛おしいと思う時,オキシトシンは分泌される。オキシトシンは愛情ホルモンなのだ。そうであるなら,私たちが犬以外の動物——猫や鳥や金魚を愛おしいと思う時にも,同じようにオキシトシンは分泌されているのではないか。

科学で証明されることは,実際の世界のできごとの中の一握りだ。科学で証明されなくても私たちの心臓は動いてきたし,地球は太陽の周りを回転してきた。私たちが犬と見つめ合うとオキシトシンが分泌されることだって,つい数か月前にやっと証明されたことなのだ。科学がさらに進み,実験方法や調査方法が開発されることにより,さらにさまざまなことが証明されるだろう。

未だ科学的に証明されていないことと,いかにも科学的であるようにみせかける「ニセ科学(ジャンクサイエンス)」とを峻別しつつ,私たちは,ひとと動物との関係について検証を進めていかなければならない。

そして,「犬と接することによって愛情ホルモンが分泌される」ということが分かったからといって,猫好きが犬好きに転向するとは思えない。「犬と見つめ合うとオキシトシンが分泌されるけれど,猫と見つめ合ってもオキシトシンが出るとは限らないから,猫を飼

うのはよしましょう」と考える親もいないと思う。「健康にいいから動物を飼いましょう」というのは本末転倒だ。「結婚すると健康に良いから，誰かと結婚しましょう」というのと同じだ。

　ひととの相性も動物との相性も，変わらない。「相手が好きか，愛着を感じることができるか」がすべてなのだ。動物が「効く」のは，愛着があるからなのだ。打算で結婚しても幸せでないのと同じだ。

② 動物との関係をよりよくするために

　また，動物たちの幸せのために，私たちがどのような飼い主であればよいのか，ということも，考えていくべきだろう。

　江戸時代，生類憐みの令が五代将軍徳川綱吉によって出された。しかし，たとえば犬がすべてにおいて優先され，犬を中心に世の中のすべてが回る「お犬様」状態は，犬にとって幸せだったのか。

　「家庭動物は，ひとのために飼われ，ひとの生活に合わせて矯正されるからかわいそうだ。動物の本来の姿ではない」という意見がある。しかし，家庭動物として飼い主と生活をともにして，そのコミュニティで暮らしていく以上は，ひとと協調するように社会化され，しつけられないのは，不幸ではないのか。大声を上げながらレストランを走り回る子どもに迷惑を感じるひとがいるように，公共の秩序を乱す振る舞いをする動物は，いくら「本来の姿」であったとしても，やはり人間社会では困った存在なのだ。

　子どもはのびやかに育てるのが望ましい。でも，しつけもされなければ愛されるおとなにはなれない。それと同様に，動物を飼う時にも，ただ「かわいいから」だけではなく，社会の中で愛される動物になるには，しつけが必要なのではないか。

③ ペット？　コンパニオンアニマル？　相棒？

　そして同時に，私たちと動物との適切な距離についても，考えて

いくべきだろう。

　ペット（愛玩動物），コンパニオンアニマル（伴侶動物）……。家庭動物の呼称は，時代や動物とひととの関係の変遷を反映してきた。私たちと動物の関係は，この30年ほどで未だかつてないほど密接なものとなった。コンパニオンアニマルとの呼称は，「動物は愛玩動物としてひとに支配され，生殺与奪を握られるべきではない」との考えから発展した呼び方だ。夫や妻，恋人と同じ「伴侶」として，「人間と対等な存在」と認識しているひとが多いということだ。しかし，寝起きをともにし，人間にべったりと依存し，かわいがられるのが動物の幸せな生き方なのか。

　一方で，動物は依然として消費され，私たちに利用される存在であることも確かだ。「動物は家畜となった時点で，野性を捨て，ひとに利用されることによる生存の道を歩んできた。利用されることが，ひとと暮らす動物の宿命」との考え方もある。

　ずいぶん長い間，家庭動物は人間の仕事のパートナーとして使役されてきた。縄文時代，犬は狩猟のために大事に飼われ，死後は人間とともに埋葬されていた（設楽，2008）。しかし，狩猟グループの一員のとして，穀物をネズミから守る番人として，「仕事のパートナー」として使役されていた頃の方が，はるかに「人（犬・猫）権」を尊重され，対等な立場にいはしなかったか。

　ひとと動物の関係は，ひとが動物を利用することから始まり，分かちがたいパートナーとして，その距離を縮めてきた。家庭動物が「伴侶」とも認識されるようになった今，私たちは家庭動物と，どれくらいの距離感を持って付き合っていくのが良いのか，再考する必要があるのではないか。少子高齢化への道を着実に歩んでいく日本では，「子どもの代わり」として動物がますます尊重される傾向は変わらないだろう。しかし動物が「家族の一員」ではなく「唯一の愛着の対象」として存在となることの危うさについて，ロビンらの非行少年と動物の関係に関する研究は，警鐘を鳴らしている。それは家庭にいながらも孤独を感じている少年だけの問題だけではない。

おとなの私たちだって，ともすれば動物が「唯一の愛着の対象」になってはいはすまいか。

④ どうすれば動物との愛着を築けるのか

では，私たちは，動物とどのような付き合い方をすればよいのだろう。愛着とはどうすれば育めるのか。愛着を持って動物を飼うために，実際に私たちはどのように動物と向き合えばいいのだろうか。

答えは，それこそ一つではないだろう。でも，ひとと動物，あるいはひととひとの関係について，私の好きな言葉の中に，サンテグジュペリの「星の王子さま」の一節がある。

王子さまとの別れの時，狐は「肝心なことは，目に見えない」と言い，続けて

> 「きみの薔薇の花がそんなにも大切なものになったのは，きみがその薔薇の花のために時間をかけたからなんだよ」

と言う（サンテグジュペリ, 2006）。

私は，愛着とはその動物，そのひとのために時間をかける，ということだと思う。

動物を飼う以外の楽しみや幸福はたくさんある。動物はあくまでも，心豊かに幸せに人生を送るための一つの選択肢にすぎない。動物を飼わなかったからといって，別になにかが欠けるわけではない。

でも，ひとたび飼ったのなら，その縁を大事にしてほしい。その関係に時間を使ってほしい。誰かのために使った時間は，きっとあなたに帰ってくるのだから。

そして，その関係だけに溺れることなく，自分自身のためにも時間を使ってほしい。

自戒も込めて，そう思う。

【引用・参考文献】

サンテグジュペリ／小嶋俊明［訳］（2006）．星の王子さま　中央公論新社
設楽博已（2008）．縄文人の動物観　西本豊弘［編］人と動物の日本史1　動物の考古学　吉川弘文館, pp.10–34.
Nagasawa, M., Mitsui, S., En, S., Ohtani, N., Ohta, M., Sakuma, Y., Onaka, T., Mogi, K., & Kikusui, T. (2015). Oxytocin-gaze positive loop and the coevolution of human-dog bonds. *Science*, **348**, 333–336.

あとがき

　どうして私たちは動物と暮らすのか。
　本書はこの問いを出発点に，私たちと動物との間の絆，つまり「愛着」という言葉をキーワードに，動物を飼うことの「光と影」について書きつづってきた。
　Chapter 1 では，私たちが動物と築く「愛着」について考えた。
　動物は私たちの心身の健康に「効く」のか。Chapter 2 では，ただ飼うことでなく，絆を結ぶことが「効く」上での重要ポイントになることをさまざまな実証からあぶり出した。
　しかし，その強い絆ゆえに，動物との別れは切ない。そして，ひとと動物が絆を結びあえないことだってある。そのような，絆をめぐる「影」の部分に，Chapter 3 では焦点づけた。
　そして，「動物との絆によって得られる恩恵」は，どうすれば次世代の子どもたちに手渡すことができるのだろうか。家庭で動物を飼えなくとも伝えていけるのか。Chapter 4 では，私たちおとなが子どもたちに伝えるべきものについて記した。
　いくら素晴らしい理想を説いても，そこに事実の裏付けなくしては，ただの空論に過ぎない。裁判においても，「有罪」，「無罪」を裏付ける「証拠」が決定的に重要だ。本書は，心理学や生命科学の実証研究を忠実に検証しながら，その中からなにが見えるのか，「愛着」を縦軸に描いた。実証研究を選ぶに当たっては，なるべく，手続きや結果がはっきりとしていて分かりやすいものを選んで，心理学を学んだことのない方にも極力分かりやすくなるよう記した。
　実のところ，実証研究の世界は，白か黒か，「効く」か「効かない」かで結論付けられるような単純なものではない。大方の結論は

「効く」可能性を支持している中で,「効かない」実証例もある。それは,油絵を描くことやタペストリーを綴っていくことに似ている。赤く塗ってあるように見える油絵も,近づいて見てみると,決して赤い絵の具でべったり塗ってあるのではなく,さまざまな濃さの赤,中には白や緑も織り交じっている。しかし,そのような白や緑——さまざまな色のタペストリーが質感と深みを増すように,さまざまな反論を受け入れて,どのような場合に異なる効果が現れるのかをさらに研究していくことで,科学研究も,さまざまな現象やケースにきめ細かに対応できるよう成熟していくのだ。

　実証研究の結果を積み重ねながら,ひとと動物の関係について,少しずつ輪郭や色合いが明らかになっていけば幸いである。

　本書の執筆に当たっては,唐木英明先生,中川美穂子先生,山本央子先生には構想の段階より,アイデアを膨らませる作業にお付き合いいただいた。貴重なご意見を下さった柏木隆雄先生,石毛弓先生,鳩貝太郎先生,柿沼美紀先生,濱野佐代子先生,八木美穂子・紀一先生,愛する「家族の一員」である動物の写真をご提供くださった方々にも,心よりお礼を申し上げたい。また,本書を世に送り出すにあたり,担当編集者の米谷龍幸さん,営業の面高悠さんにご尽力いただいたことを感謝する。

　最後に,私をいつも支えてくれた家族と友人たち,Celloverseの皆さま,そしてコロノスケに,心より感謝したい。

　皆さまのお力添えがあったからこそ,本著を上梓することができた。これからも,皆さまとの絆,時間を大切にしていきたい。

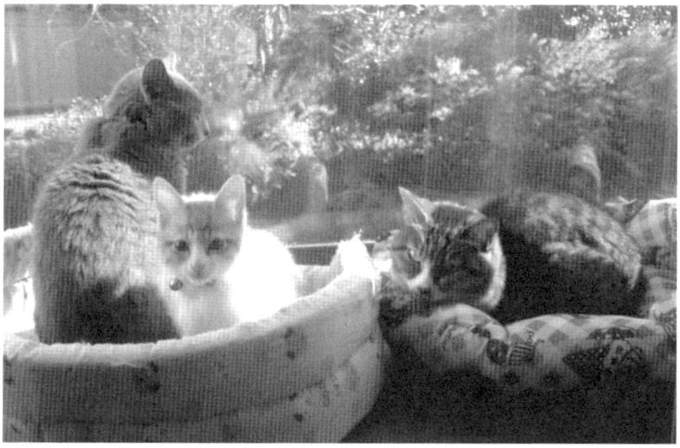

ひとと動物の関係を考えるための参考図書

アシオーン，F. R.／横山章光［訳］(2006)．子どもが動物をいじめるとき―動物虐待の心理学　ビイングネットプレス
石田　戢・濱野佐代子・花園　誠・瀬戸口明久 (2013)．日本の動物観―人と動物の関係史　東京大学出版会
小此木啓吾 (1979)．対象喪失　中央公論新社
小嶋秀夫［編著］(1989)．乳幼児の社会的世界　有斐閣
コレン，S.・木村博江［訳］(2007)．犬も平気でうそをつく？　文藝春秋
支倉槇人 (2010)．ペットは人間をどう見ているのか―イヌは？ネコは？小鳥は？　技術評論社
西本豊弘［編］(2008)．人と動物の日本史 1　動物の考古学　吉川弘文館, pp.10-34.
ベック，A.・キャッチャー，A.／横山章光［監修］／カバナーやよい［訳］(2002)．あなたがペットと生きる理由―人と動物の共生の科学　ペットライフ社
ボウルビィ, J.／二木　武［監訳］(1993)．母と子のアタッチメント―心の安全基地　医歯薬出版
無藤　隆・久保ゆかり・遠藤利彦 (1995)．現代心理学入門 2　発達心理学　岩波書店
メルソン，G. F.／横山 章光・加藤 謙介［監訳］(2007)．動物と子どもの関係学―発達心理からみた動物の意味　ビイングネットプレス
森　裕司・奥野卓司［編著］(2008)．ヒトと動物の関係学　第 3 巻　ペットと社会　岩波書店
レビンソン，B. M.／マロン，G. P.［改訂］川原隆造［監修］松田和義・東　豊［監訳］(2002)．子どものためのアニマルセラピー　日本評論社
ローレンツ, C. K.／日高敏隆・丘　直通［訳］(1989)．動物行動学 II　新思索社
鷲巣月美［編］(2005)．ペットの死，その時あなたは　三省堂
Robinson, I.［編］／山崎恵子［訳］(1997)．人と動物の関係学　インターズー

事項索引

あ行
愛着　6
アカゲザル　7
遊び　44
暗算　21

委員会方式　104
怒り　64
1年生存率　31
一緒にいる心地よさ　11

HAB　ii
SNS　14

オキシトシン　53
おとな　111
親離れ　9

か行
解決　64
学年飼育　104
学年飼育なし群　105
学年なし・家あり群　108
家族の「接着剤」　97
家族の一員　ii
家族の雰囲気　94
家族のまとまり　12
学校適応　105
学校動物　103
家庭動物　iii

絆　6

教育的ねらい　111
共感性　94

傾聴　20
健康　35

向社会性　94
交渉　64
構成要素　11
刻印づけ　7
心の中の居場所　67
コミットメント　62
コンパニオンアニマル　ii

さ行
雑種　2
里親　71

飼育舎　103
使役動物　i
自己開示　11, 19
自己受容　23
しつけ　79
室内飼い　2
自閉症スペクトラム　41
社会化　74
社会化期　75
社会的　6
種　76
獣医師　103
受容　11, 64
純血種　2

情緒障害の子ども　*99*
ジングルス　*39*
心疾患　*30*

ストレス　*21, 37*
刷り込み　*7*

生活の質　*42*
絶頂期　*76*
世話　*95*

ソーシャルサポート　*30*
阻害要因　*70*

た行
対象喪失　*59*
第二反抗期　*10*
タイミング　*62*
代理母　*7*
他者への温かさ　*105*
他者を思いやる　*89*

地域猫　*72*
小さい子どもへの養護性　*91*

続く絆　*67*

適切・家なし群　*108*
適切群　*105*
適切に飼う　*109*

動物　*iii*
動物介在活動　*42*
動物介在教育　*103*
動物介在療法　*40*
動物飼育　*103*
動物に対する養護性　*91*

動物病院　*4*
動物への共感性　*105*

な行
認知的評価　*61*

は行
非行少年　*98*
否定　*64*
ひとと動物の絆　*ii*
ひとの輪の広がり　*12*
評価　*20*

不適切・家あり群　*108*
不適切群　*105*
布団　*4*
ブログ　*14*
分離‐個体化　*9*

ペット　*ii*
ペットブーム　*i*
ペットロス　*59*
ペティーズ　*18*
ベビースキーマ　*16*

ま行
マザリーズ　*17*

問題行動　*74*

や行
養育者　*8*
養護性　*12, 13*
幼児期　*9*
抑うつ　*52*
予測性　*62*

ら行
ライフイベント　*37*
ランキング意識　*80*

リーダー　*79*

人名索引

A-Z
Anderson, W. P.　*35*

Blue, G. F.　*103*
Bracken, B. A.　*23*
Brickel, C. M.　*52*
Brown, B. H.　*101*

Collis, G. M.　*66*

Folkman, S.　*61-63*
Fox, M. W.　*78*

Gage, M. G.　*60*
Goldberg, E. L.　*73*

Hart, L. A.　*51*
Hunt, S. J.　*51*

Jourard, S. M.　*19*

Kidd, A. H.　*102*
Kidd, R. M.　*102*
Kitayama, S.　*19*

Lazarus, R. S.　*61-63*
Libow, L. S.　*47*
Lockwood, R.　*51*

Markus, H. R.　*19*
Mcbride, A.　*79, 80*
McCune, S.　*75, 76, 78, 79*
McNiCholas, J.　*66*
Melanie, L.　*16*
Myers, G.　*103*

Ory, M. G.　*73*

Ross, C. E.　*30*

Serpell, J.　*35*
Soares, C. J.　*6*
Stelzner, D.　*78*
Stewart, M.　*67*

Turner, D. C.　*77*

Wegienka, G.　*90*

あ行
アシオーン，F. R.　*100*
アレン（Allen, K. M.）
　21-23, 50
安藤清志　*19*

池田光一郎　*4*
岩田純一　*17*

ヴィドヴィッチ（Vidovic, V. V.）　*94-97, 110*

榎本博明　*19*
エリオット，T. R.　*30*

大村英昭　*60, 61, 77*
岡　典子　*40*
小此木啓吾　*59*
オヘア（O'Haire, M. E.）　*41, 42*

か行
柿沼美紀　*4*
カミンスキ（Kaminski, M.）　*44, 45*
ガリティ（Garrity, T. F.）　*49, 53*

キャッチャー（Katcher, A. H.）　*13, 24, 31*

ケイン（Cain, A. O.）　*6, 97*

小嶋秀夫　*13, 91, 92*
コレン，S.　*81*
コンガブル（Kongable, L. G.）　*43*

さ行
サーペル，J.　*80, 81*
沢崎達夫　*23*
サンテグジュペリ　*121*

シーゲル（Siegel, J. M.）　*37, 38, 39*
設楽博巳　*120*

菅原ますみ　*98*
鈴木哲也　*103*
砂原和文　*74*

セリエ，H.　*37*

た行
高柳友子　*63-65*
武　倫夫　*103, 104*
竹内ゆかり　*74, 75*

徳川綱吉　*119*

な行
永沢美穂（Nagasawa, M.）　*53, 117*
中島由佳　*104-107, 109, 113*
中村満紀男　*40*

ノット，H. M. R.　*80*

は行
バーグマン，A.　*9*
ハーロウ（Harlow, H. F.）　*7, 8, 77*
バウン（Baun, M. M.）　*48*
パックマン（Packman, W.）　*67, 68*

支倉槇人　*80*
鳩貝太郎　*103, 104*
濱野佐代子　*6, 11, 12, 14*
ハルストム, L.　*101*

フォーゲル（Fogel, A.）　*91, 92*
フォーサイス, D. R.　*30*
フランシス（Francis, G.）　*51, 52*
フリードマン（Friedmann, E.）　*30-35, 40, 45, 47*
ブラッドショー, J. W. S.　*80*
ブロドベック（Brodbeck, A.）　*77, 78*

ベック（Beck, A. M.）　*13, 17, 24, 31*
ヘンドリクス（Hendrix, C.）　*93, 94*

ボウルビィ（Bowlby, J.）　*7-9, 63, 64*
ホルムズ（Holmes, T. H.）　*59, 60*
ポレスキ（Poresky, R. H.）　*93-95, 110, 113*

ま行
マーラー, M. S.　*9*

メルソン（Merson, G. F.）　*10, 18, 91-93, 102*

や行
ヤゴー, J. A.　*80, 81*
矢野勝治　*40*
山崎恵子　*63-65*
山本　晃　*10*

ら・わ行
ラー（Rahe, R. H.）　*59, 60*

レビンソン, B. M.　*39-41, 44, 46, 55*

ローゼンバーグ（Rosenberg, M. A.）　*63*
ローレンツ, C. K.　*16*
ロジャース, C. R.　*20*
ロビン（Robin, M.）　*98-101, 120*

鷲巣月美　*60, 66, 67*

執筆者紹介

中島由佳(なかじま ゆか)

大手前大学現代社会学部教授。
甲南大学文学部社会学科卒業。米国シカゴ大学大学院 Humanities 修士課程修了(Master of Art. Humanities)。お茶の水女子大学大学院人間文化研究科人間発達心理学専攻博士課程修了。博士(人文科学)。
内閣府日本学術会議上席学術調査員。
主な著作として『大学受験および就職活動におけるコントロール方略の働き―目標遂行に向けてのストレスへの対処として』(風間書房, 2012年), 『よくわかる心理学』(共著, ミネルヴァ書房, 2009年) など。

ひとと動物の絆の心理学

2015年12月25日 初版第1刷発行 (定価はカヴァーに表示してあります)
2022年 5月25日 初版第2刷発行

著 者 中島由佳
発行者 中西 良
発行所 株式会社ナカニシヤ出版
〒606-8161 京都市左京区一乗寺木ノ本町15番地
Telephone 075-723-0111
Facsimile 075-723-0095
Website http://www.nakanishiya.co.jp/
E-mail iihon-ippai@nakanishiya.co.jp
郵便振替 01030-0-13128

装幀=白沢 正/印刷・製本=ファインワークス
Copyright © 2015 by Y. Nakajima
Printed in Japan.
ISBN 978-4-7795-0999-5

本書のコピー, スキャン, デジタル化等の無断複製は著作権法上の例外を除き禁じられています。本書を代行業者の第三者に依頼してスキャンやデジタル化することはたとえ個人や家庭内の利用であっても著作権法上認められていません。

ナカニシヤ出版・書籍のご案内　表示の価格は本体価格です。

あなたの知らない心理学

大学で学ぶ心理学入門　　　　　　　　　　　　　中西大輔・今田純雄編
「心理学」って本当はどういう学問なの？　大学で心理学を学ぶとどうなるの？　心理学を学びたい全ての人のための心理学入門。　　1900 円

Q＆A 心理学入門

生活の疑問に答え，社会に役立つ心理学　　　　　兵藤宗吉・野内　類編著
日常の素朴な疑問は，心理学で説明できる！　心理学が実生活でいかに活かされているのか実感しながら楽しく学べる新テキスト。　　2300 円

インタープリター・トレーニング

自然・文化・人をつなぐインタープリテーションへのアプローチ
　　　　　　　　　　　　津村俊充・増田直広・古瀬浩史・小林　毅編
自然や文化や歴史などの対象を媒介にして，参加者の知識体系を揺さぶり理解を深めるためのトレーニング教本。　　2500 円

比較海馬学

　　　　　　　　　　　　　　　　　　　　　　　渡辺　茂・岡市廣成編
さまざまな種で記憶に関与している海馬の機能の普遍性と多様性を綿密な調査により明らかにするエキサイティングな共同研究。　　7000 円

生きもの秘境のたび

地球上いたるところにロマンあり 叢書・地球発見 11　　　　高橋春成著
まだ見ぬ生きものを求め，国内外の「秘境」をたずねる，危険とロマンあふれる冒険のたび。　　1800 円

世界遺産　春日山原始林

照葉樹林とシカをめぐる生態と文化　　　　　　　　　　　前迫ゆり編著
シカの影響で岐路に立つ世界遺産・春日山照葉樹林。斯界の重鎮と研究家たちが共生のため，その現状と未来を熱く語る。　　2500 円

ナカニシヤ出版・書籍のご案内　表示の価格は本体価格です。

平等論

霊長類と人における社会と平等性の進化　　　　　　　　寺嶋秀明著
人間が平等を求める動物であることを初めて解き明かし，さらには平等を求める過程が社会を生み出すことを示す斬新な平等論。　　2600 円

遊牧・移牧・定牧

モンゴル，チベット，ヒマラヤ，アンデスのフィールドから　稲村哲也著
アンデス，ヒマラヤ，モンゴルの高所世界，極限の環境で家畜とともに暮らす人々。その知られざる実態に迫る貴重な記録。　　3500 円

世界の手触り

フィールド哲学入門　　　　　　　　　佐藤知久・比嘉夏子・梶丸　岳編
多様なフィールドで，「他者」とともに考える，フィールド哲学への誘い。
菅原和孝と池澤夏樹，鷲田清一との熱気溢れる対談を収録。　　2600 円

動物と出会うⅠ

出会いの相互行為　　　　　　　　　　　　　　　　　　木村大治編
「狩る」か？　「挨拶する」か？　人間と動物，動物と動物，人間と人間が出会うとき，そこでは何が起きるのか？　　2600 円

動物と出会うⅡ

心と社会の生成　　　　　　　　　　　　　　　　　　木村大治編
「心」とは何か？　「社会」とは何か？　人間と動物を同じ地平で考えるとき，「心」と「社会」はどうみえるのか？　　2600 円

由良川源流　芦生原生林生物誌

渡辺弘之著
芦生研究林元林長が京都の秘境・芦生の貴重な写真をまじえ現況を紹介，原生林の保全と保護を訴える。　　2000 円